JN206227

SNIPによる RTK基準局開設・運用入門

Raspberry Pi で
ICT 土木／ICT 農業システムの開発に挑戦

先村　律雄
半谷　一晴　共著
大橋　祥子

コロナ社

ま　え　が　き

　本書の目的は，独自の RTK 基準局の開設により，実務者が気軽に GNSS 計測を行うことです。NTRIP（Networked Transported of RTCM via Internet Protocol）方式の RTK 基準局を開設しようとすると，情報源が英語で理解に時間を要する，必要な機材が何かわからない，また機材購入先の情報が少ないなどの理由により，実際に開設して運用までしているのは，大手配信業者や研究者が中心であり，実務者レベルでは皆無の状況です。そこで低価格の 1 周波 GNSS 受信機を利用して，開設から運用までの作業手順と応用事例から，実務として運用できるようにすることを目的としています。2 周波も手順は同じです。

対　象　読　者

　本書は，GNSS 計測を利用している（したい）実務者，あるいは，GNSS 計測をこれから学ぶ専門学校生，高専生，理系の大学生を想定して執筆しました。

　GNSS 受信機の設定，あるいは基準局サーバのソフトウェアは英語表示なので，高校英語程度の基礎知識が必要です。

　応用事例で用いているスクリプト（Python）に関しては，パッケージのインストール，クラスの概念，関数および引数，ループなどの基礎知識を備えていることを想定しています。

本書で使用する機材

　1 周波 GNSS 受信機は，u-blox 社製の C94-M8P と NEO-M8P を使用しています。移動局側 GNSS 受信機の制御は，PC あるいは Raspberry Pi 3 ＋ ハット（HAT）を利用しています。HAT として，6 桁表示器とブザーを搭載すること

により GNSS 受信機を制御します。Raspberry Pi 3 + HAT の入手方法は 11 章に掲載しました。

本書で想定する Python 環境

8 章のサンプルプログラムは，Raspberry Pi 3 + HAT をベースに Python3.5 の環境で動作確認しています。また，計測データを扱う PC にはあらかじめ，Google Earth Pro をインストールしておく必要があります。サンプルプログラムは，サポートサイト（https://www.coronasha.co.jp/np/isbn/9784339009293/）からダウンロードできます。

本書が必要とするネットワーク環境

移動局では，RTK 基準局で計測された基準局情報を NTRIP 方式で取得することにより，RTK 方式の測量が可能になります。移動局から基準局にアクセスするには，事前にポートマッピングと呼ばれる手続きが必要です。組織によっては，ポートマッピングが厳しく制約されている場合もあります。まずは，ネットワーク管理者に相談してください。ポートマッピングの手続きに関しては，1.1 節に詳しく説明しています。

基準局の開設が，GNSS 計測を気軽に行える一歩になれば幸いです。

2019 年 10 月

著 者 一 同

目　　　次

0．　GNSS 計測による導入効果と本書の活用方法

1．　開　設　準　備

2．　機　材　設　置

3.　補正のための基準局情報配信と SNIP

4.　SNIP のインストール

5.　SNIP の　設　定

6.　基準局の開設と機能チェック

7.　基準局へのアクセス

8.　測量への利用例
—Raspberry Pi 3 と Python を用いたスクリプト例—

9.　低コストロボットへの利用例

10．稼 働 の こ つ

11．サンプルテスト

0 GNSS 計測による導入効果と本書の活用方法

GNSS 計測の導入効果を，河川の堆積土砂掘削工事例から説明します。つぎに GNSS 計測の概要について述べ，基準局開設の必要性について理解します。

すでに基準局を設置している，あるいは利用できる場合は，11 章から読むことをお勧めします。

0.1 現行の起工測量

図 0.1 は，河川の堆積土砂掘削工事の起工測量の様子（2018 年度実施）です。この測量では，指定断面に河川の両岸から高さの基準となるメジャー（リボンテープ）を設置します。メジャーは，たわまないように横貫（横に渡した水平部材）と呼ばれる板を設置した後に貼り付けます。つぎに各地形の変化点に標尺を設置し，メジャーの数値と標尺の数値を読むことにより，その変化点

図 0.1　起工測量（従来方法）

における左右の位置と高さがわかります。平均断面法と呼ばれる計算方法で堆積土砂量を見積もる場合，20 m 間隔に計算するため，図 0.1 の作業も 20 m 間隔で繰り返すことになります。

　この工事の現場代理人によると，1 日の作業量は，4 人で約 6 断面だったとのことです。工事延長が 500 m であれば 26 断面となり，4.3 日×4 人＝17.2 人の延べ人数となります。掘削工事開始前にこれらの仮設備を撤去しますが，完成検査時には同作業を行う必要があります。

0.2　GNSS 計測による起工測量とその効果

　図 0.2 は，GNSS 計測による起工測量の風景で，両岸に設置された見通し杭を見ながら断面ライン上を歩き，変化点を計測しています。1 点に要する計測時間は約 10 秒です。計測結果は，公共座標および標高として記録されます（これには独自にプログラムを作成する必要があります）。

見通し杭

図 0.2　GNSS 計測による起工測量

　図 0.3 は，2 人で同時計測している風景です。河川計測の場合，川底を渡ると時間を要するため，川を渡らないで済むように，計測する岸を決めています。この現場は，21 断面を約 170 分（約 250 点）で計測することができたので，1 断面（川幅約 30 m）当り 12 点計測したことになります。

図 0.3　2 人で同時計測

　見通し杭の設置時間は含めていませんが，図 0.1 の従来方法と比較すると大幅な起工測量の生産性向上が予想できるかと思います。

0.3　GNSS 計測による成果物作成とその効果

　GNSS 計測により生成された 3 次元座標データ（これには独自にプログラムを作成する必要があります）により，ほぼ手作業なしで断面図の作成が可能です。

　8.5 節の図 8.3 は，GNSS 計測により生成された緯度・経度，高さのデータであり，11 章で説明するサンプルソフトにより利用できます。**図 0.4** は，図 8.3 のデータと現場の座標系から公共座標に変換したデータです。変換方法に関しては 2.2 節を参照してください。

　図 0.4 の公共座標データと高さデータから，市販の CAD を利用すると，断面図の作成をコンピュータで行うことができます（**図 0.5**）。作成方法に関しては，お持ちの CAD メーカなどに確認してください。

　図 0.6 は，従来計測と GNSS 計測による断面の違いを比較したものです。点線・太字の数値が従来計測，実線・細字の数値が GNSS 計測です。左端の位置で比較すると，基準高からの位置は，従来計測：0.2 m 下り，GNSS 計測：0.2 m 下りと同じ高さを示していることがわかります。このことから，GNSS 計測は従来計測と遜色ない座標精度で計測できているといえます。

	A	B	C	D
1	38587.58	-85113.5	154.926	
2	38599.31	-85121.6	154.926	
3	38596.91	-85126.1	152.026	
4	38593.91	-85131	152.026	
5	38590.99	-85137	151.926	
6	38590.53	-85138.6	151.826	
7	38590.46	-85139	151.325	
8	38590.52	-85139	151.125	
9	38589.37	-85142.3	151.225	
10	38588.81	-85142.7	151.625	
11	38585.99	-85146.7	151.825	
12	38585.61	-85147.7	152.625	
13	38585.24	-85148.9	152.625	
14	38584.17	-85149.2	151.925	
15	38583.57	-85151.2	152.025	
16	38581.62	-85154.1	151.925	
17	38580.72	-85155.4	152.925	
18	38579.18	-85157.6	154.725	

図 0.4　公共座標系の
計算（変換）

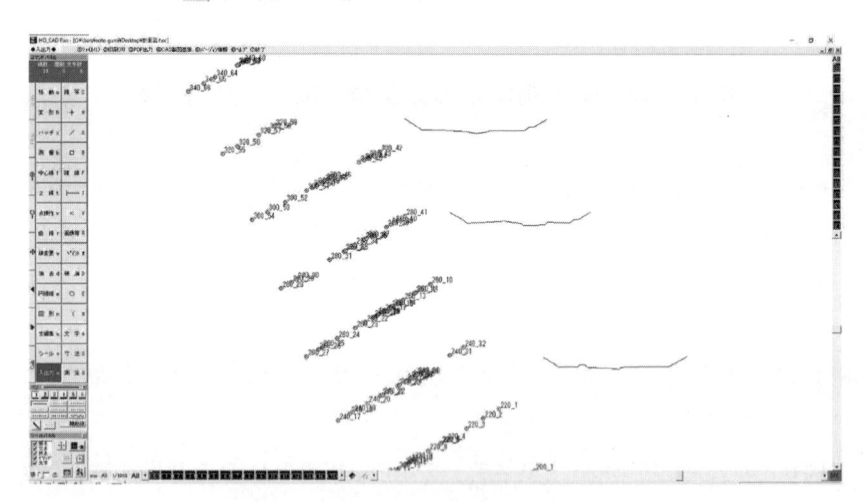

図 0.5　CAD による断面図作成 (HO_CAD)

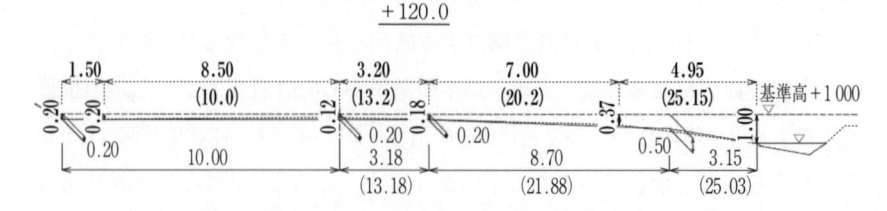

図 0.6　従来計測と GNSS 計測の比較結果

0.4　GNSS 計測（相対測位）とは

GNSS 計測は GNSS（Global Navigation Satellite System：人工衛星を利用した全世界測位システム）を利用した計測方法の一つです。この計測方法には，「単独測位」（**図 0.7**）と「相対測位」（**図 0.8**）の二つがあります[1]†。

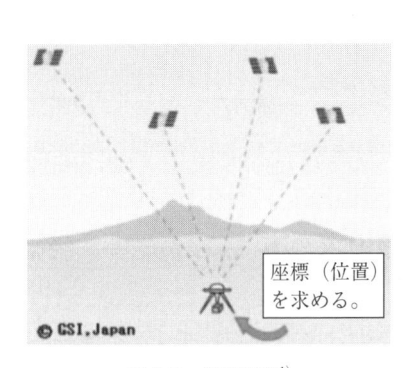

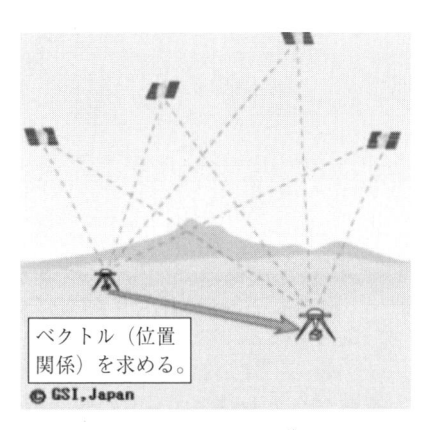

図 0.7　単独測位[1]　　　　　　　　図 0.8　相対測位[1]

単独測位は，GNSS 受信機 1 台で計測する方法で，4 台以上の衛星から受信機までの時間（距離）を計測して，アンテナの 3 次元座標を求めます。座標精度は 10 m 程度といわれており，カーナビゲーションに多用されています。

相対測位（RTK 方式）は，GNSS 受信機 2 台で計測する方法で，基準局と移動局が必要です。基準局側は，座標のわかった点に設置後，固定します。移動局側は，計測点を移動しながら計測を行います。移動局の 3 次元座標は，**図 0.9** の基準局の 3 次元座標と基線ベクトル（基準局からの大きさと方向）により求めることができます。相対測位の一つに RTK 方式があり，図 0.2 の計測は RTK 方式で行っています。

---

† 肩付き数字は巻末の引用・参考文献を表す。

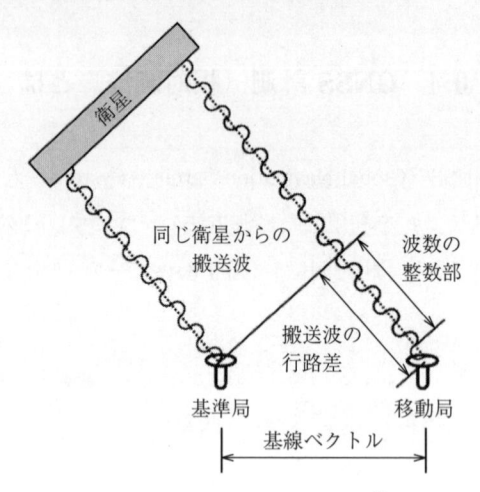

図 0.9 行路差と基線ベクトル[2]

0.5 移動局の座標の求め方

　基線ベクトルは，図 0.9 の搬送波の行路差により求めています。行路差と
は，基準局から衛星までの距離と，移動局から衛星までの距離の差です。この
差を使って基線ベクトルを求めます。単独測位では，衛星までの距離は時間を
利用して求めました。

　相対測位は，位相によって求めます。GPS から発信されている L1 波および
L2 波の波長はそれぞれ約 19 cm および 24 cm です。衛星までの距離は，波の
数（整数値）と一つの波の小数点（位相差）を足せば求めることができます。
波の数を求めることを整数値バイアスと呼び，衛星ごとの整数値バイアスを求
めながら，移動局側の座標を求めます。

0.6 Float と Fix

　整数値バイアスは，波の数を予測値（初期値）として最小 2 乗法（カルマン
フィルタ）による収束計算で求めます。各衛星から刻々と発信されたデータを

リアルタイムで解析して，整数値バイアスを決定します。この整数値バイアスが収束するまでの解はフロート（float）と呼ばれ，座標精度は 20 cm 程度といわれています[3]。収束した解はフィックス（fix）と呼ばれ，座標精度は 2 cm 程度といわれています。

　精度は，平均誤差半径（Circular Error Probability：CEP）と呼ばれるミサイルなどで利用される命中精度で表す場合，20 cm CEP と表現されます。この場合のばらつきは 50 % です。平均 2 乗誤差（Mean Square Error：MSE）では，20 cm MSE と表現され，ばらつきは 68.3 % です。

　Fix 時の座標精度は，現況地盤の計測であれば問題ないことがわかります。Float は，受信機の起動時，あるいは，橋梁の下，建物の脇などの場所で衛星データを十分に受信できないときに発生します。

0.7　基準局開設の必要性

　GNSS 計測は，基準局側の計測データ（基準局情報）を移動局側に何らかの方法で送信することにより，座標計算をすることができます。この送信方法に制約はありませんが，最適の運用ができることが大事です。

　図 0.10 は，受信機に付属している無線モデムです。この方法では，基準局と移動局の距離は 100 m 程度が限界です（無線免許を必要としない特定小電力無線を搭載しています）。図 0.2 の現場では，移動局の移動により基準局も移動する必要があります。基準局は，既知点上に設置しなければならないので，基準点をあらかじめ設置する必要があります。

　図 0.11 は，インターネットを利用して移動局に基準局情報を送信している風景です。この方法では，現場作業を開始する前に，基準局設置およびコンピュータによる作業が発生するため，計測作業をすぐに実施できません。

　図 0.12 は，基準局を事務所の屋上に設置して，事務所からインターネットで移動局に基準局情報を送信する方法です。この方法は，受信機などの電源を OFF にしない限り，24 時間つねにすぐ GNSS 計測が可能です。1 周波の場合，

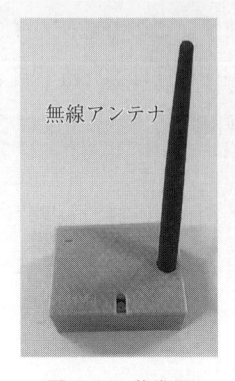

無線アンテナ

図0.10 基準局
（無線モデム）

アンテナ

受信機

サーバ用PC
ルータ

図0.11 基準局開設（施工現場）

アンテナ

図0.12 基準局開設（事務所）

基準局から移動局の最大の計測距離は 10 km 以下です。この距離を超える場合は，新たに基準局を設置しなければなりません。

本書では，図 0.12 の方法で運用することを前提に説明を進めます。

0.8 本書の活用方法

基準局をすでに運用中，あるいは利用することができる場合は，11 章のサ

ンプルテストから開始してください（**図0.13**）。この場合，コロナ社の書籍詳細ページ（https://www.coronasha.co.jp/np/isbn/9784339009293/）からサンプルソフトをダウンロードして，GNSS計測を体験することができます。ハードウェアは，Raspberry Pi 3とHATおよび，u-blox社製のGNSS受信機を購入して自ら作成することも可能ですが，購入も可能です。11章を参照してください。

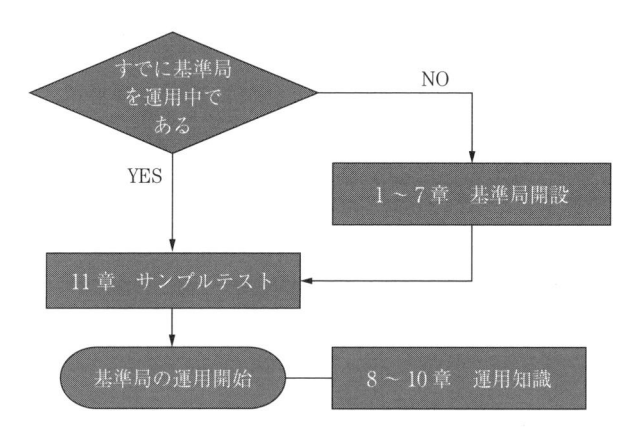

図 0.13 本書の活用方法

　基準局をこれから開設する場合は，1章から7章までに開設方法を説明しています。開設ができたら11章に進んでください。

　8章から10章までは，独自の計測プログラムを作成したい場合，あるいは運用中の場合に必要な内容なので，状況に応じて読んでください。

開 設 準 備

RTK 基準局の開設で用意するものは，**図 1.1** に示す以下の三つです。

① ポートマッピングが設定されたインターネット環境

② 基準局運用のためのサーバ用 PC

③ GNSS 受信機一式（1 周波，2 周波）

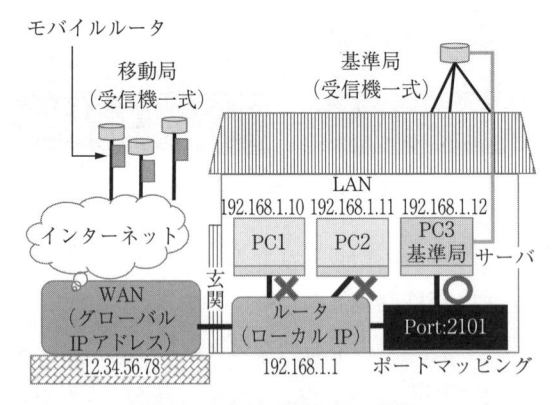

図 1.1　必要な設定および機材

1.1　ポートマッピング

　移動局から RTK 基準局の基準局情報の取得は，NTRIP（エヌトリップ：Networked Transported of RTCM via Internet Protocol）と呼ばれる，インターネットを経由した通信プロトコルで行います。移動局から RTK 基準局が設置されているルータへの通信は，図 1.1 に示す WAN（Wide Area Network）を利

用します。接続したい相手の家（基準局）の住所（アドレス）へのアクセスは WAN で用いられているグローバル IP アドレスを利用します。この家の中には 3 台の PC があり，住居内（同一ルータ）では，ルータ（router）が独自に割り当てたローカル IP アドレスで運用されています。これは，LAN（Local Area Network）と呼ばれ，3 台の PC は必ずルータ経由で，家の中の PC 間および外部と通信します。ルータは，玄関に立っている門番のように振る舞います。よって，外部からの客は，家の中に勝手に入れません。しかし，家の中から外出（通信）することは自由です。この門番により，移動局（外からの客）は，玄関であるルータから先に進むことができません。ルータは，家の中の通信セキュリティを見張る役目をします。移動局からルータを通り抜け，RTK 基準局のサーバに進むには，ポートマッピングと呼ばれる設定が必要です。RTK 基準局側（PC3）から，任意のポート番号（暗号）をルータに教えることにより，この暗号を持参した移動局だけに，RTK 基準局との面会を許してくれます。この暗号は，"ポート番号：2101" を使用します。移動局から，この "ポート番号：2101" と "ローカル IP アドレス：192.168.1.12" をルータに知らせることにより，RTK 基準局にアクセス後，基準局情報を取得することができます。図 1.1 では，移動局においてポートマッピングが設定されている PC3 から，RTK 基準局の基準局情報を取得することができます。PC3 以外のコンピュータである PC1 と PC2 は，ポートマッピングが設定されていないため，外部から見ることはできません。

　ポートマッピング設定は，通常，ネットワーク管理者に依頼する必要があります。読者が管理権限を持っている場合は，ルータ上でポートマッピングの設定を行うことができます。

　現在接続しているグローバル IP アドレスは，以下のウェブサイトで調べることができます。外部のネットワークに接続できていないと，グローバル IP アドレスの取得はできないので，まずネットワークに接続できていることを確認します。

https://www.cman.jp/network/support/go_access.cgi

図1.2 は一部の数字を加工しています。実際は，"55.123.154.36" のように表示されます。

ローカル IP アドレスの取得は，Windows10 の場合，画面左下の"Windows ボタン→ Windows システムツール→コマンドプロンプト"に進み，"ipconfig" と入力後［Enter］で，ローカル IP アドレスが"IPv4 アドレス"に表示されます。**図**1.3 の矢印の数値です（一部の数字を加工しています）。

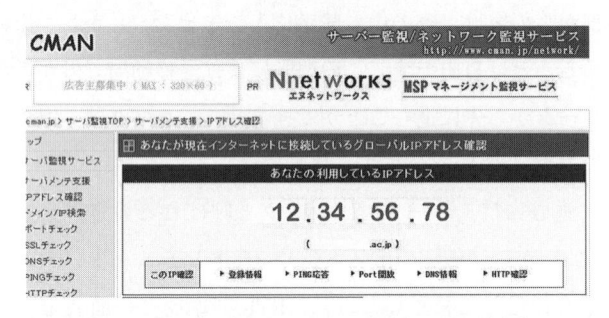

図1.2　グローバル IP アドレス例（cman.jp 参照）

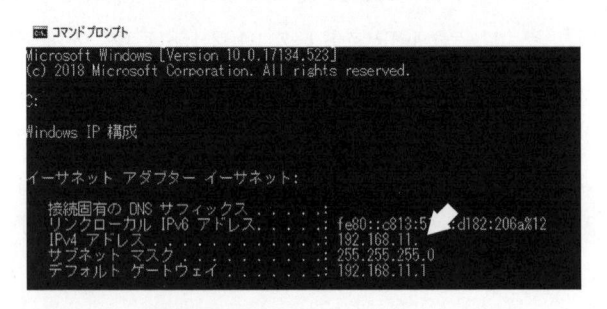

図1.3　ローカル IP アドレス

グローバル IP アドレスは，移動局側の端末（Raspberry Pi）から基準局に接続する際に，基準局の住所（家）を特定するための情報です。一方，ローカル IP アドレスは，家の中の特定の PC に接続する際に必要な情報です。

ポートマッピングを管理者から断られた場合，あるいは計測現場などで固定回線が利用できない場所に基準局を設置したい場合，モバイルルータを利用することで解決できます。**図**1.4 に示すモバイルルータ（UQ WiMAX2＋ Speed

図1.4　モバイルルータ（UQ WiMAX2＋）

Wi-Fi NEXT W05）を使ったポートマッピングの設定方法を説明します。

　まず，モバイルルータが，グローバルIPアドレスを取得していることを確認します。もし，グローバルIPアドレスが取得されていない場合は，グローバルIPアドレスオプションサービスに加入（有料）する必要があります。

　グローバルIPアドレスを取得していないルータは，図1.1の家の住所がないので，移動局側は基準局の住所を知る術がありません。このオプションは通常，ウェブあるいはコールセンタ経由で発行できます。グローバルIPアドレスが確認できたら，ポートマッピング設定に進みます。

　図1.5はポートマッピング設定後の確認画面です。"WANポート"と"LANポート"は，"2101"を入力します。"LAN IPアドレス"は，図1.1の"192.168.1.12"，図1.3の"IPv4アドレス"を入力します。モバイルルータのグローバルIPアドレスは，図1.4の"端末情報"メニューの"WAN側IPアドレス"から確認することもできます。基準局側のPCから，このモバイルルータに接続後，図1.2のウェブサイトに接続するとモバイルルータの"WAN側IPアドレス"と同じ値になります。

　ただし，グローバルIPアドレスは，ルータを再起動した場合，変更される場合があります。

名前	WANポート	LAN IPアドレス	LANポート	プロトコル	ステータス		
G	2101	192.168.1.12	2101	両方	オン	編集	削除
H	3	192.168.1.12	3	両方	オン	編集	削除

DHCP設定
LAN IPフィルタ
ポートマッピング
特定アプリケーション
DMZ設定
UPnP設定

名前：　　　　　　ステータス：　○オン ◉オフ
共通ポート：選択　　WANポート：
LANポート：　　　LAN IPアドレス：
プロトコル：両方

仮想サーバリスト

図1.5　ポートマッピング設定例（UQ Speed Wi-Fi Next
　　　　ウェブサイトより抜粋後，加工）

1.2　サ ー バ 用 PC

NTRIP のサーバ用ソフトは，SNIP と呼ばれる NTRIP Caster を利用します。SNIP が必要とする環境を**表1.1** に示します。特に高いスペックの PC は必要としません。著者らは，**図1.6** に示す 2 ～ 3 万円程度のミニ PC を利用しており，必要なときにだけ画面とキーボードを接続しています。

表1.1　SNIP が必要とする環境

項　目	条　件
Windows マシン	
OS	Windows7 SP1 以降のバージョン 32/64 bit の両方に対応 Windows XP は非推奨
プロセッサ	1 GHz 以上
メモリ	1 GB 以上
ハードディスク空き容量	200 MB 以上
ネットワーク環境	Http/https
Ubuntu マシン	
	Windows と同じ条件

図1.6　サーバ用ミニ PC

1.3　GNSS 受 信 機

図 1.1 の基準局として，Trimble 社製の SPS985（2 周波），あるいは u-blox

社製の C94-M8P（1 周波）を利用することができます。移動局はトプコン社製の HiPer V（2 周波），あるいは u-blox 社製の NEO-M8P（1 周波）を利用することができます。本書では，u-blox 社製の受信機を用いて説明します。

1.4 NTRIP による基準局情報配信

NTRIP は，基準局のデータである RTCM を配信するために必要な，HTTP をベースとした TCP プロトコル（規約）です。RTCM（Radio Technical Commission for Maritime Services）は，海上無線技術に関する国際標準化団体で，GNSS は RTCM SC-104 規格[1] を利用しています（誤差補正量，疑似距離補正量，座標値の標準配送規格）。

HTTP（Hypertext Transfer Protocol）は，WWW（World Wide Web）上でウェブサーバとクライアントが通信するための，SNIP のようなアプリケーション用のプロトコルです。

図 1.7 に示すように，基準局を NTRIP Server と呼んでいます。Server から，NTRIP の基準局設置には，サーバが必要であると思いがちですが，実際は基準局も TCP クライアントです。TCP サーバである NTRIP Caster がどこかにあり，そこに TCP クライアントとして接続すれば，基準局から配信された RTCM を受信することができます。NTRIP Caster ソフトウェアである SNIP が基準局の PC で稼働していれば，基準局 PC へ TCP クライアントとして接続することで，RTCM を受信することができます。

TCP（Transmission Control Protocol）は，インターネットで利用される，ウェブ，メール送受信，ファイル共有などの通信を動作させるためのプロトコルです。

TCP による通信は，サーバとクライアントの 2 者間で行われます。サーバは，クライアントから何らかの要求が来るまで待ち続けます（要求が来るまで何もしません）。よって，TCP による通信は，クライアントがサーバに対して何らかの要求をすることによりスタートします。図 1.7 の移動局の計測ボック

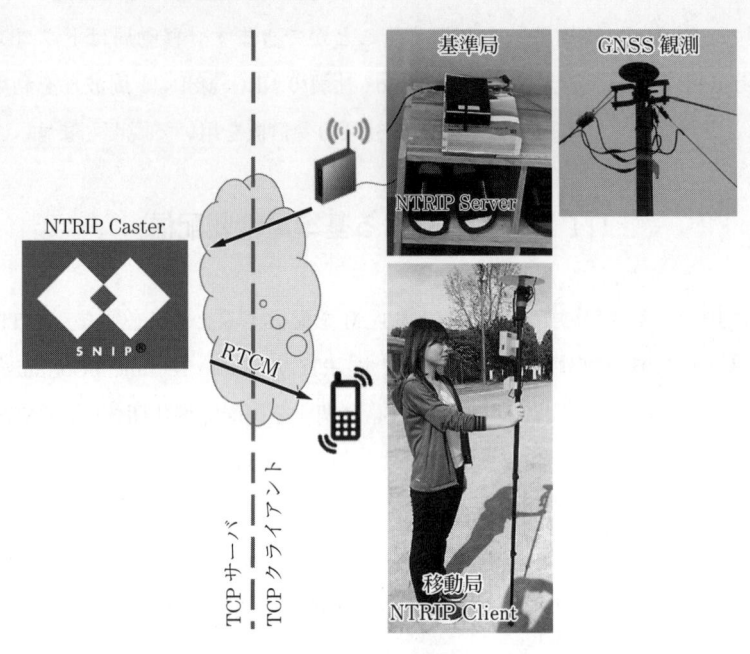

図 1.7　NTRIP による基準局データ配信

スの電源を ON にすると，計測ボックス内の Raspberry Pi 3 は，以下の手順を自動で行うようにプログラムされています。

① Raspberry Pi 3 の内蔵 Wi-Fi から指定の携帯をサーチ

② インターネット接続のための携帯テザリング

③ 基準局に対して，NTRIP によるデータ配信の要求

④ 基準局から RTCM 受信

⑤ GNSS 計測スタート

　ただし，基準局からの基準局情報の配信は，連続して行う必要があります。さらに，速やかに配信する必要があります。許容される遅延時間は，RTK 方式の場合 5 秒以下[2] です。

2 機 材 設 置

基準局の開設を以下の手順で行います。

① 基準点の設置

② 基準点の座標計測と座標計算

③ アンテナ受信機一体型の場合の設置

④ アンテナ受信機分離型の場合の設置

⑤ サーバ用 PC と基準局側受信機の接続確認

2.1 基準点の設置

　周囲より高い建物の屋上に基準点を設置すると，測位が安定するだけでなく，盗難防止，電源確保の観点からも有利です。**図 2.1** では 6 階建屋の屋上に

図 2.1　設置場所例（6 階屋上）

基準点アンテナを設置しています。設置場所については以下の点に留意します。

① 上空や周囲（特に南側）に高い建物ができるだけない場所

② 振動や風などの影響ができるだけ少ない場所

③ 電源確保が容易な場所

2.2　基準点の座標計測と座標計算

設置場所を決めたら，杭やペイントなどでマーキングを行います（**図2.2**）。マーキングは，アンテナを設置するときや再計測時の目印となるので，設置することを推奨します。屋上では防水上の観点より釘や鋲が設置できないため，図2.2のように，ペイントでマーキングしています。マーキング後，座標の計測を行います。計測は，GNSS あるいは TS（トータルステーション）で行います。GNSS は，スタティック計測が望ましいですが，所要の精度によりネットワーク型 RTK も可能です。計測後，**図2.3**の成果表を作成します。成果表は維持管理のために利用します。図2.3 には以下の成果が記載されています。

・AREA＝9：公共座標の9系

・B：緯度〔度分秒〕

・L：経度〔度分秒〕

・N：座標の真北方向角

・H：標高〔m〕

・ジオイド高：楕円体（WGS-84）からの高さ〔m〕

図2.2　基準点マーキング例

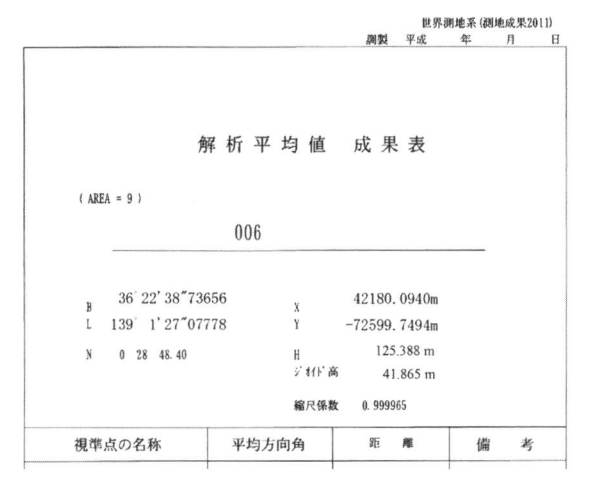

図2.3　基準点座標管理のための成果表

・縮尺係数：楕円体面上の微小距離と公共座標系上の微小距離の比を意味
　　し，X軸上で 0.999 9

TS は公共座標系で計測します。計測した公共座標は，緯度・経度に換算する
必要があります。国土地理院のウェブサイトから，公共座標を緯度・経度に換
算します。

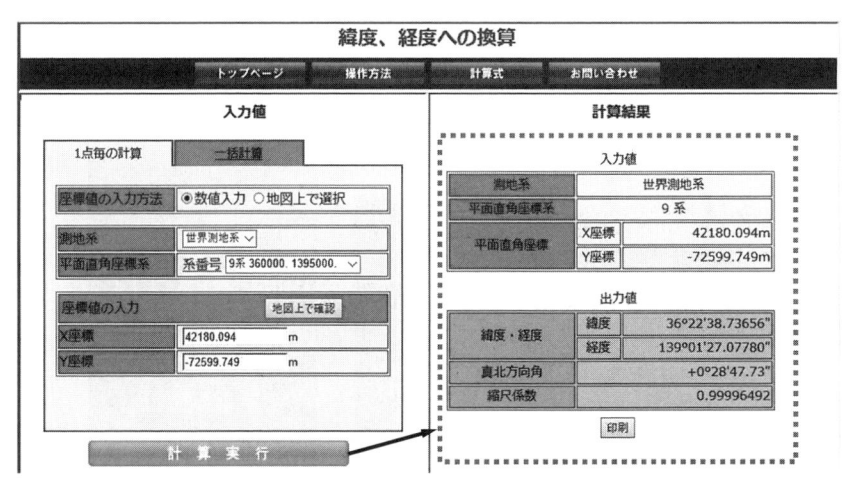

図2.4　緯度・経度の換算画面（国土地理院ウェブサイトより）

https://vldb.gsi.go.jp/sokuchi/surveycalc/surveycalc/xy2blf.html
にアクセスすると**図 2.4**の画面が現れます。"系番号"の選択後，計測座標を
入力し，"計算実行"ボタンをクリックします。しばらくすると，画面右側に
緯度・経度が表示され，"印刷"ボタンをクリックすると結果が印刷されます。

2.3　アンテナ受信機一体型の場合の設置

図 2.5は，アンテナと受信機が一体型の場合の設置です。屋上に設置された
受信機から，屋内に設置された基準局サーバ用 PC に測位データを送信しま
す。受信機とサーバ用 PC 間は，通信ケーブルで接続します。この通信は，
RS-232C と呼ばれる方式で行われ，シリアル通信と呼ばれており，通信ケー
ブルはシリアルケーブルと呼ばれます。一般に受信機に付属しているシリアル
ケーブルは 1 m 程度であり，ケーブルの延長が必要ですが，通信できるケー
ブルの最大の長さは 10 m 程度なので，サーバ用 PC を受信機から遠くに設置
することはできません。光ファイバーを利用すると 2 〜 30 km まで通信でき
ますが，本書ではケーブルとの接続を行います。シリアルケーブルには，**図
2.6**に示すように，ストレートケーブルとクロスケーブルの 2 種類がありま
す。しかし，見た目ではわかりません。図 2.6 の左側は，付属ケーブルを使用
しているため，延長用シリアルケーブルはストレートケーブルを使用します。

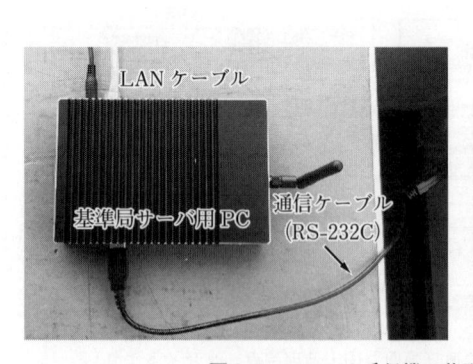

図 2.5　アンテナ受信機一体型の設置

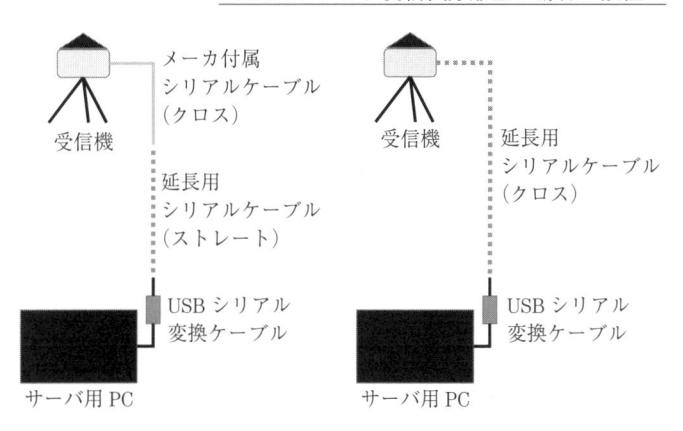

図 2.6　延長用シリアルケーブル

右側は，受信機に直接接続しているのでクロスケーブルを使用します。複数の
ケーブルを使用する場合，1本だけクロスケーブル，ほかはストレートケーブ
ルにします。USBシリアル変換ケーブル，シリアルケーブル（クロス・スト
レート）は，DIY店などで購入できます。

2.4　アンテナ受信機分離型の場合の設置

図 2.7 は，アンテナと受信機が分離型の場合の設置です。屋上に設置された
アンテナから屋内に設置された受信機に，アンテナケーブルを延長して接続し

図 2.7　アンテナ受信機分離型の設置

ます。アンテナケーブルは，**図 2.8** に示すよう，TV アンテナ用のケーブルお
よび分配器を利用します。写真のように TV アンテナ 2 分配器を利用すると，
一つのアンテナから二つの受信機に接続することが可能になります。分配器は
電気店，DIY 店などで購入できます。

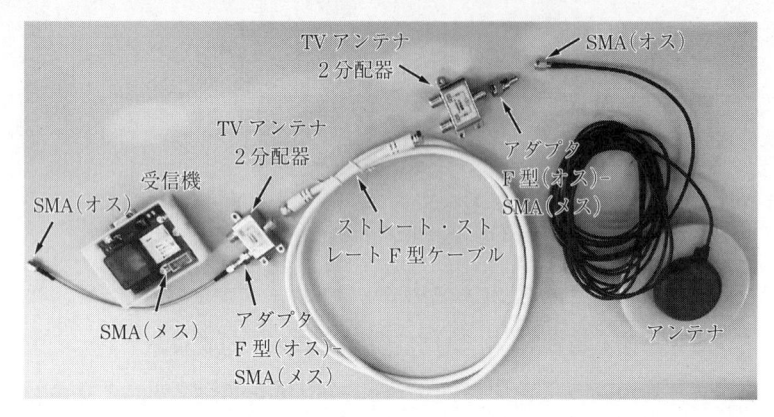

図 2.8　アンテナ–受信機間のアンテナケーブル

2.5　サーバ用 PC と基準局側受信機の接続確認

図 2.5 に示すとおり，通信ケーブルおよび LAN ケーブルをサーバ用 PC に
接続します。u-blox 社製の受信機の初期設定は u-center で行うため，以下の
サイトから u-center をダウンロードします。

https://www.u-blox.com/ja/product/u-center

図 2.9 で "u-center for Windows, v19.01"（2019 年 2 月 7 日アクセス時）を
クリックします。"保存" → "名前を付けて保存" を選び，"保存" をクリック
すると "PC → ダウンロード" フォルダにダウンロードされます。

エクスプローラで "PC → ダウンロード" フォルダにいくと**図 2.10** のように
圧縮フォルダがあります。右クリックして "すべて展開..." をクリックしま
す。展開先を変更する必要がなければ，"展開" ボタンをクリックします。

エクスプローラで展開先のフォルダにいくと，**図 2.11** のようにアプリケー

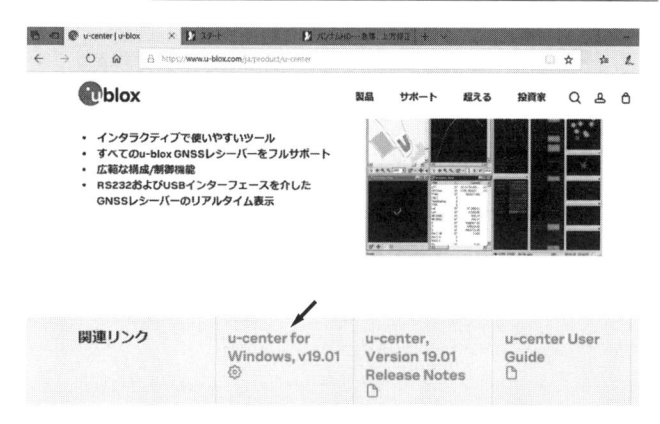

図 2.9 u-center Windows 版 GNSS 評価ソフトウェアウェブサイト
（2019 年 2 月 7 日アクセス時）

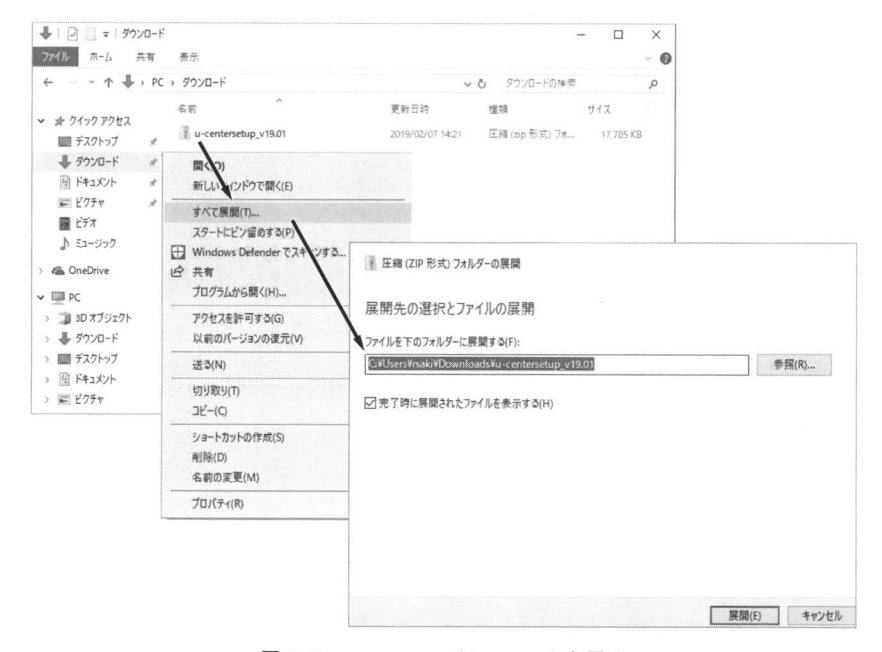

図 2.10 u-center のダウンロードと展開

ションファイルが表示されます。このアプリケーションファイルを選ぶと，
セットアップウイザードが表示されます。指示どおりに進めれば，"u-center"
のメイン画面である**図 2.12** が表示されます。

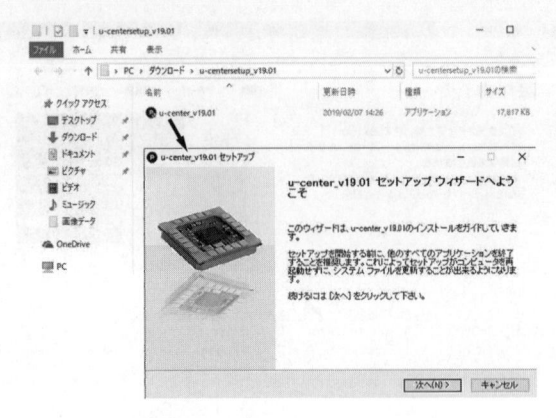

図 2.11　セットアップウィザード

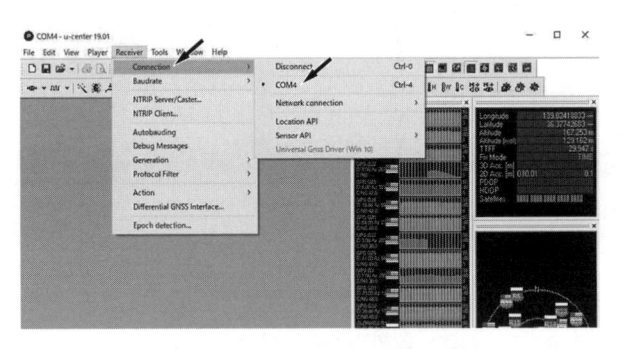

図 2.12　u-center による受信確認

　画面右上の"Longitude"（経度），"Latitude"（緯度）に数値が表示されたら受信機からの測位データが受信できています。数値が表示されない場合は，メニューバーの"Receiver → Connection"を確認します。図 2.12 のように"COM#"（#：数字）が表示されていない場合は，デバイスの再設定が必要です。以下の手順で再設定を行います。

① Windows の"デバイスマネージャー"を起動

② リストから"センサー"をクリック（**図 2.13**）

③ 右クリックで"ドライバーの更新"をクリック（**図 2.14**）

④ ドライバーの検索方法から，"コンピューターを参照してドライバーソフトウェアを検索"をクリック（**図 2.15**）

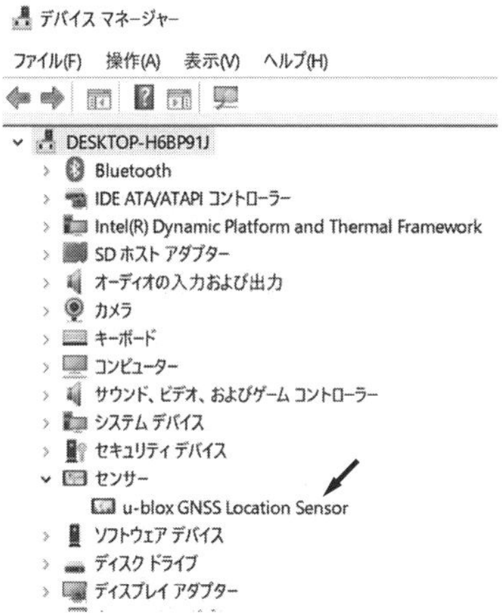

図2.13 "センサー"をクリック

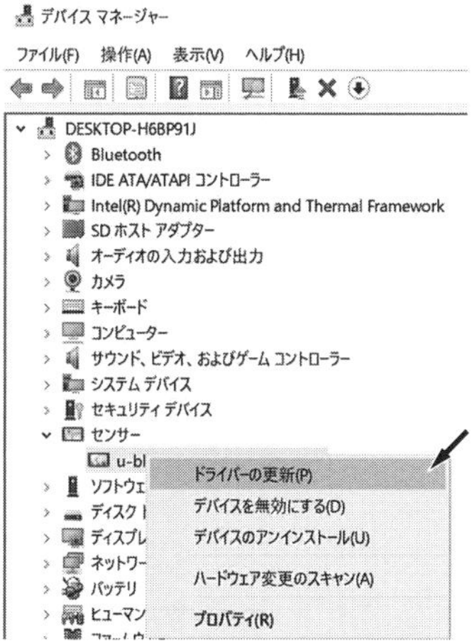

図2.14 "ドライバーの更新"をクリック

← ドライバーの更新 - u-blox GNSS Location Sensor

ドライバーの検索方法

→ ドライバー ソフトウェアの最新版を自動検索(S)
このデバイス用の最新のドライバー ソフトウェアをコンピューターとインターネットから検索します。ただし、デバイスのインストール設定でこの機能を無効にするよう設定した場合は、検索は行われません。

→ コンピューターを参照してドライバー ソフトウェアを検索(R)
ドライバー ソフトウェアを手動で検索してインストールします。

図2.15 "コンピューターを参照してドライバー
ソフトウェアを検索"をクリック

⑤ "コンピューター上の利用可能なドライバーの一覧から選択します"をクリック（**図2.16**）

⑥ "USB シリアルデバイス"を選択し，"次へ"をクリック（**図2.17**）

⑦ "ドライバーが正常に更新されました"で完了，**図2.18** では COM11 にインストールされました（利用している PC により番号は変わります）

⑧ "USB シリアルデバイス（COM11）"が"ポート"に存在することを確認

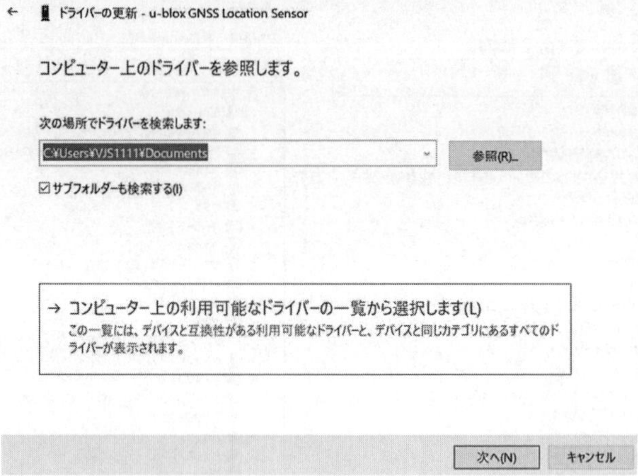

← ▋ ドライバーの更新 - u-blox GNSS Location Sensor

コンピューター上のドライバーを参照します。

次の場所でドライバーを検索します:

C:¥Users¥VJS1111¥Documents　　　　　　　　　　　　　　∨　　参照(R)...

☑ サブフォルダーも検索する(I)

┌───┐
│ → コンピューター上の利用可能なドライバーの一覧から選択します(L) │
│　　この一覧には、デバイスと互換性がある利用可能なドライバーと、デバイスと同じカテゴリにあるすべてのド │
│　　ライバーが表示されます。 │
└───┘

次へ(N)　　キャンセル

図 2.16　"コンピューター上の利用可能なドライバーの
一覧から選択します"をクリック

⊢ ▋ ドライバーの更新 - u-blox GNSS Location Sensor

このハードウェアのためにインストールするデバイス ドライバーを選択してください。

　　ハードウェア デバイスの製造元とモデルを選択して [次へ] をクリックしてください。インストールするドライバーのディス
　　クがある場合は、[ディスク使用] をクリックしてください。

☑ 互換性のあるハードウェアを表示(C)

┌───┐
│ モデル │
│ ▣ u-blox GNSS Location Sensor │
│ ▣ USB シリアル デバイス │
│ ▣ USB シリアル デバイス │
│ │
└───┘

▣ このドライバーはデジタル署名されています。　　　　　　ディスク使用(H)...
ドライバーの署名が重要な理由

次へ(N)　　キャンセル

図 2.17　"USB シリアル デバイス"を選択

（図 2.19）

⑨ 図 2.12 で "Connection" をクリックすると "COM11" が表示されるの
で，これを選択すると通信が開始します（図 2.12 では COM4 です）

ただし，デバイスマネージャーの "ポート（COM と LPT）" の中にある

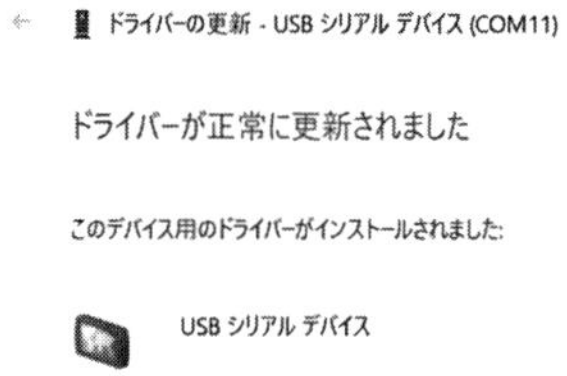

図2.18 "ドライバーが正常に更新されました"

図2.19 ポートの確認

"u-blox Virtual COM Port（COM??）"は，利用しないでください。RTCM を出力できません。

2.6 基準局側受信機のデータ出力設定

基準局側の受信機を，基準局としてのデータ出力ができるようにする設定をします。設定は u-center を用いて，以下の手順で行います。設定前に受信機が PC に接続されていることを確認してください。

① 基準局座標（緯度・経度，楕円体高）の設定

② 基準局情報出力ポートの設定

③ 使用衛星の設定

④ 使用衛星の利用条件設定

⑤ RTCM 信号の設定

　移動局側受信機は，基準局側からの基準局情報（RTCM）と，移動局側
アンテナの衛星データを並行して受信することにより，RTK 方式での測
量が可能になります。

⑥ NMEA（National Marine Electronics Association）信号の設定

⑦ Fix Mode の設定

2.6.1　基準局座標の設定

　図 2.3 の基準点座標管理データに記載された座標を，基準局の受信機に設定
します。u-center は，緯度・経度を〔度：deg〕として入力するため，度分秒
を度に変換する必要があります。図 2.3 の緯度・経度はそれぞれ，B：36°
22'38.73656"，L：139°01'27.07778" です。これを〔度：deg〕に換算します。

$$36 + \frac{22}{60} + \frac{38.73656}{3\,600} = 36.377\,426\,82 \text{ deg}$$

$$139 + \frac{1}{60} + \frac{27.07778}{3\,600} = 139.024\,188\,3 \text{ deg}$$

高さ方向には，楕円体高を入力します。楕円体高とは，標高とジオイド高を足
しあわせた値です。よって，楕円体高（H）：125.388 ＋ジオイド高：41.865 ＝
167.253 m となります。設定はすべて**図 2.20** の "Messages View" で行います。
"View → Messages View" をクリックし，現れたリストから "UBX" をクリッ
クすると**図 2.21** が表示されます。"CFG" をクリックすると，基準局座標を設
定する**図 2.22** の画面が表示されます。

　"Mode" は "2-Fixed Mode"，"Use Lat／Lon／Alt Position" をチェックする
と，Lat（緯度），Long（経度），Alt（楕円体高）が入力できます。"Accuracy"
には，"0.02"〔m〕（2 cm）を入力します。

　入力できたら，"Send" をクリックしてください。忘れると，入力したデー
タが受信機に反映されません。設定を変更した場合は "Send" を必ずクリック

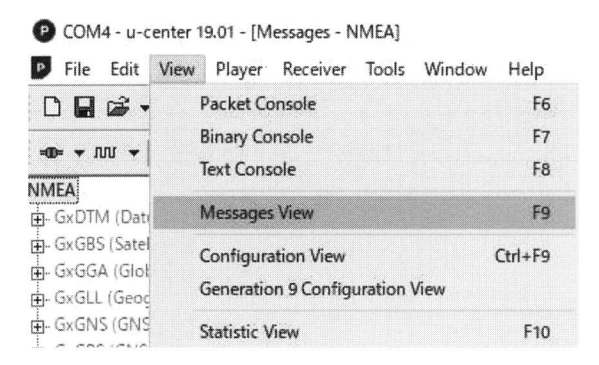

図 2.20　u-center View->Messages View

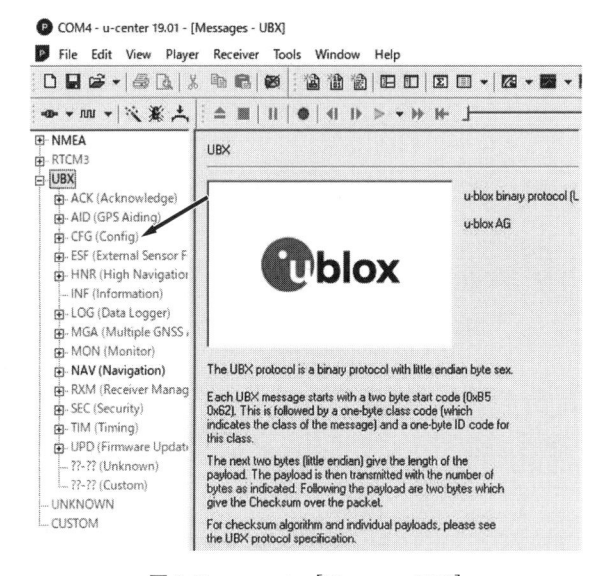

図 2.21　u-center [Messages-UBX]

し，設定したデータを記憶させる必要があります。記憶させるためには図 2.23
のように，"Receiver → Action → Save Config" をクリックします。基準局を
移動した場合も，同じ手順を繰り返します。

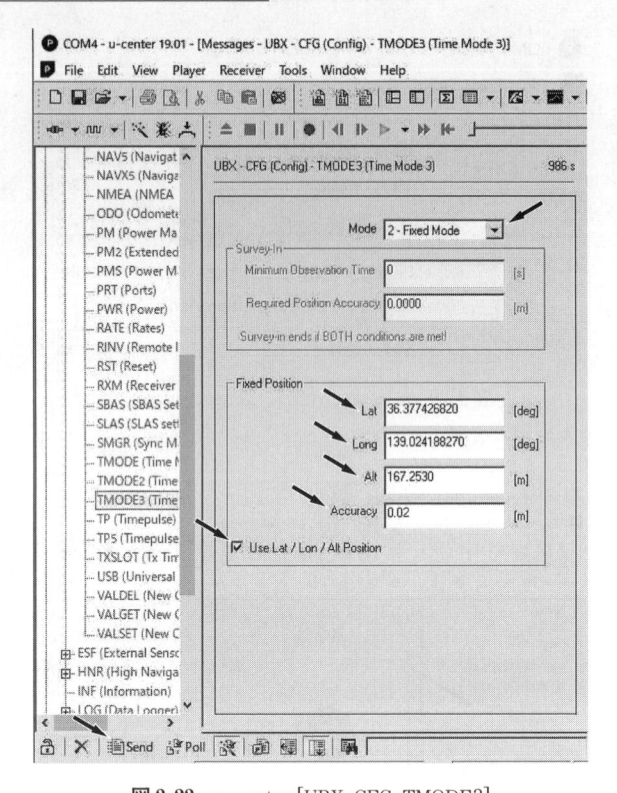

図 2.22　u-center [UBX-CFG-TMODE3]

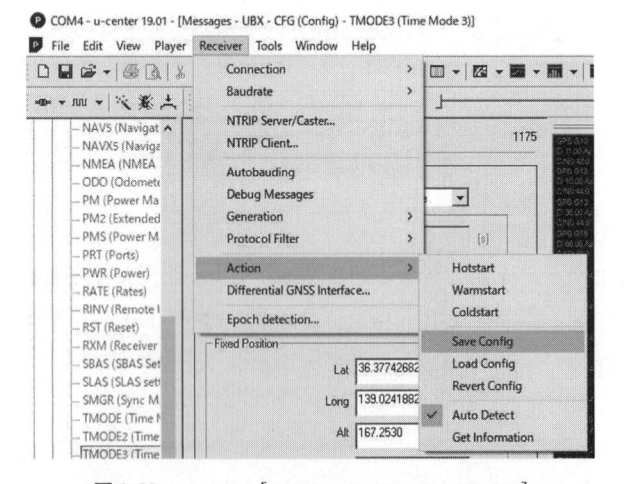

図 2.23　u-center [Receiver-Action-Save Config]

2.6.2 基準局情報出力ポートの設定

基準局受信機から基準局情報を出力するポート（出力先）を設定します。

"View → Messages View → UBX → CFG → PRT"をクリックすると，**図 2.24** が表示されます。

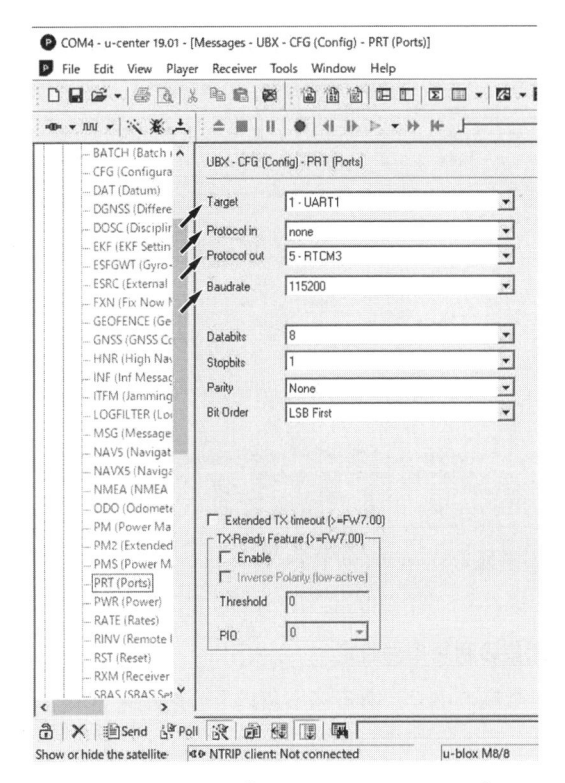

図 2.24 u-center [Messages-UBX-CFG-PRT]

"Target：1-UART1"，"Protocol in：none"，"Protocol out：5-RTCM3"

"Baudrate：115200"（モバイルルータの場合は 19200）とし，ほかに変更の 必要はありません。確認後，"Send"と"Save Config"をクリックします。

2.6.3 使用衛星の設定

計測に使用する衛星を設定します。"View → Messages View → UBX → CFG →

GNSS" をクリックすると, **図2.25** が表示されます。"GPS", "QZSS" および "GLONASS" の "Enable" をチェックします。"BeiDou" を使用したい場合は "GLONASS" の "Enable" のチェックを外し "BeiDou" の "Enable" をチェックします。確認後, "Send" と "Save Config" をクリックします。移動局側の受信機も, 同様の設定にします。

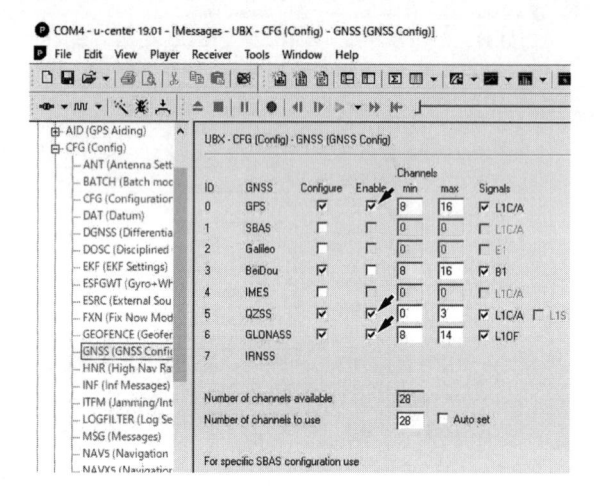

図2.25   u-center [Messages–UBX–CFG–GNSS]

2.6.4   使用衛星の利用条件設定

設定した使用衛星の中で, ある高度角以上の衛星を利用する設定を行います。"View → Messages View → UBX → CFG → NAV5" をクリックすると, **図2.26** が表示されます。"Navigation Input Filters" の "Min SV Elevation" を "25" [deg] に設定し, 確認後, "Send" と "Save Config" をクリックします。

2.6.5   **RTCM 信号の設定**

基地局情報出力データを設定します。"View → Messages View → UBX → CFG → MSG" をクリックすると, **図2.27** が表示されます。"Message" から "F5-05 RTCM3.3 1005" をクリックし, "UART1" および "USB" を "On" に

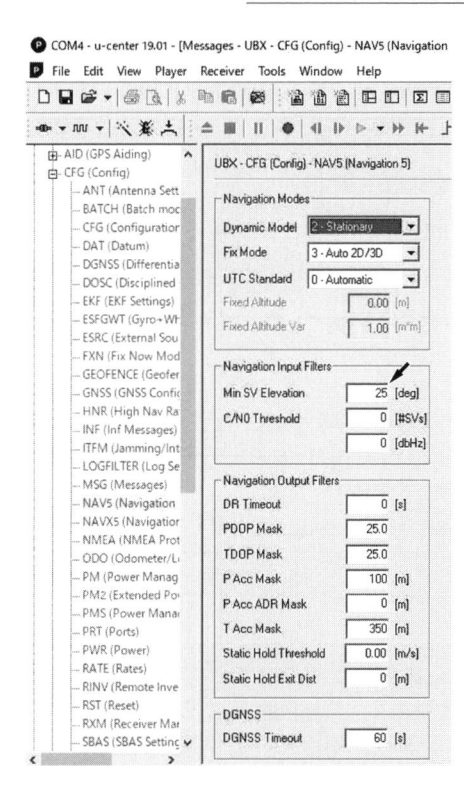

図 2.26 u-center
[Messages-UBX-
CFG-NAV5]

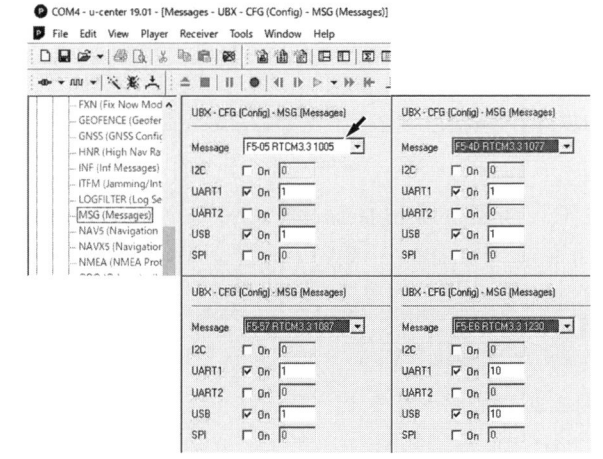

図 2.27 u-center [Messages-UBX-CFG-MSG]

して "1" を入力します。確認後，"Send" と "Save Config" をクリックしま
す。つぎに，"F5-4D RTCM3.3 1077"，"F5-57 RTCM3.3 1087" および "F5-E6
RTCM3.3 1230" を図のとおりに設定します。すべての設定が終わったら，設
定どおりに出力されているかを確認します。

　"View → Messages View → RTCM3" をクリックすると，**図 2.28** が表示され
ます。"1005"，"1077"，"1087"，"1230" がハイライト表示になっていること
を確認してください。"1230" は約 10 秒に 1 回ハイライト表示になります。

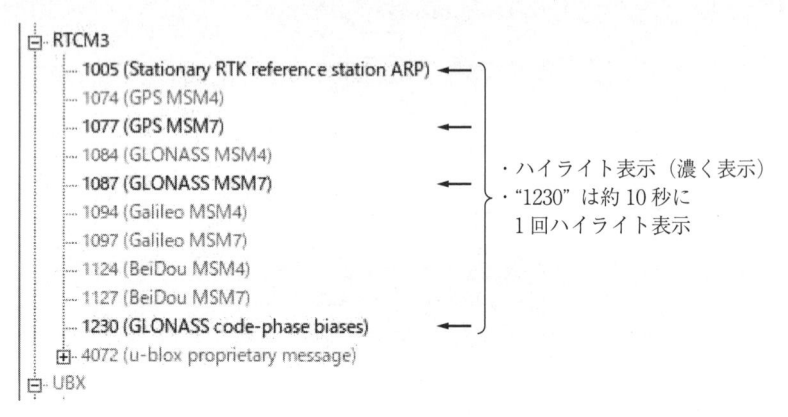

図 2.28　u-center [Messages-UBX-RTCM]

2.6.6　NMEA 信号の設定

RTCM 出力以外で必要最小限のデータ出力を設定します。

　まず，"View → Messages View → NMEA" 上で右クリックすると，**図 2.29**
が表示されます。"Disable Child Messages" をクリックし，すべての NMEA 出
力を停止させます。数秒後に，NMEA のハイライト表示は消え，すべて
"Disable" になります。確認後，"Send" と "Save Config" をクリックします。

　つぎに，"View → Messages View → NMEA → PUBX" の "00" 上で右クリッ
クすると，**図 2.30** が表示されます。"Enable Message" をクリックします。
"03" および "04" も "Enable Message" をクリックします。ハイライト表示
を確認後，"Send" と "Save Config" をクリックします。

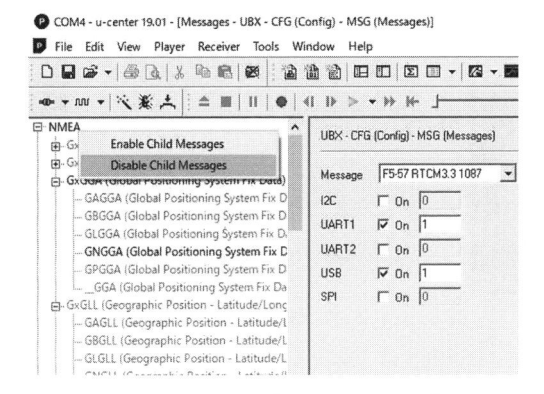

図 2.29　u-center [Messages-NMEA]

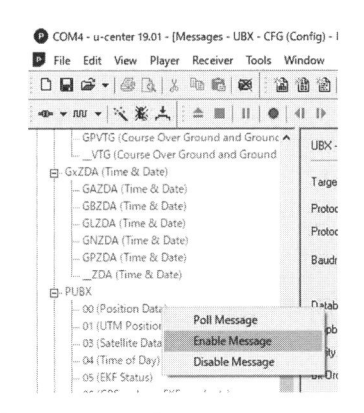

図 2.30　u-center [Messages-NMEA-PUBX]

2.6.7　Fix Mode の設定

2.6.6 項での設定後，計測が可能な状態であれば "u-center" は，**図 2.31** の
左側画面を表示しています。"Fix Mode" が "3D" 表示のときは単独測位を
行っており，2.6.1 項で設定した基準局座標として位置が固定されていません。
そこで，"View → Messages View → UBX → NAV → STATUS"（図の中央画面）
の上で右クリックし，"Enable Message" をクリックします。図の右側画面の
ように，"Fix Mode" が "TIME" と表示されたら，基準局座標が反映されたこ
とになります。確認後，"Send" と "Save Config" をクリックします。

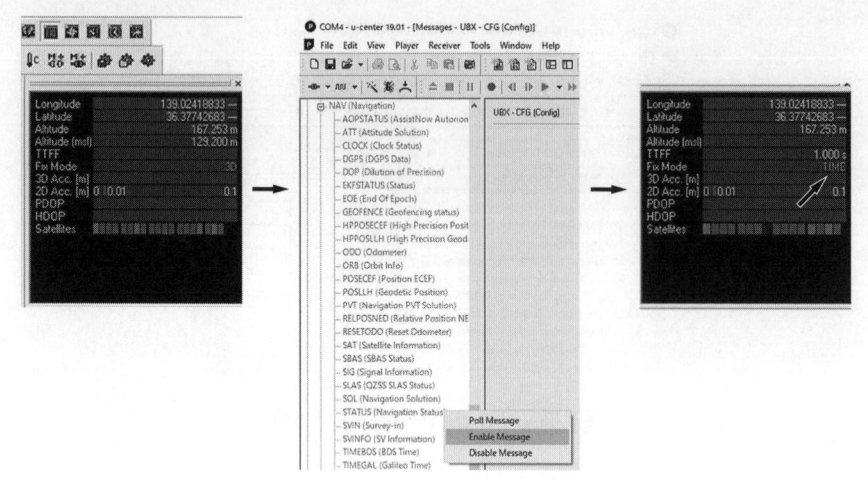

図 2.31 u-center [Messages-UBX-NAV-STATUS]

以上で基準局側受信機の設定は完了です。受信機の電源を OFF にしても設定したデータは記憶されています。もし，動作がおかしくなった場合はデータが消えた可能性があるので，設定が変わった場所を探し，再設定します。

2.7 基準局側受信機を出荷時の状態にリセット

受信機の設定を何回か繰り返しても設定が行われないときは，出荷時の状態にリセットすることをお勧めします。

"Receiver → Action → Revert Config" をクリックします（**図 2.32**）。

ただし，"Revert Config" を行うと，設定したデータは 2.6.1 項の基準点座標も含め，すべて失われます。

つぎに，"Coldstart" をクリックするとリセットされます。"Coldstart" は，電源を OFF にして再起動することを意味します。

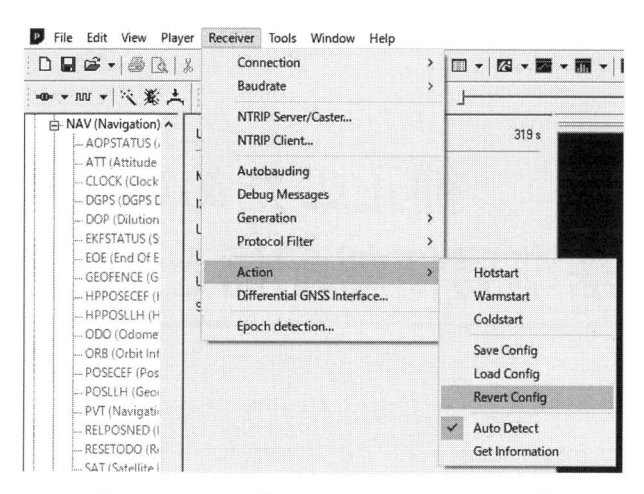

図 2.32 u-center [Receiver-Action-Revert Config]

3 補正のための
基準局情報配信と **SNIP**

携帯電話やスマートフォン，カーナビゲーションやデジタルカメラなど，GNSS 受信機が組み込まれているデバイスは身近なところに多く存在します。しかし，同じ GNSS 受信機であっても，公共測量などに用いられる高級機種と携帯電話に組み込まれているものでは，座標精度に違いがあることは想像に難くありません。これは測位の方法によるところが大きく，一般に，補正信号を受けて測位されたものは座標精度が向上します。

原理原則の詳しいところは数多ある専門書に譲りますが，本章では簡単に測位の方法について触れます。

3.1 単 独 測 位

携帯電話やスマートフォン，カーナビゲーションに用いられている測位法を一般に「単独測位」と呼びます。**図** 3.1 は GNSS 受信機の位置 (x, y, z, t) を測位する様子の模式図ですが，アンテナ位置の 3 次元座標 (x, y, z) とその時刻 (t) を定めるためには，最低でも 4 機の GNSS を捕捉する必要があります。また，このときの座標精度は 10 m 程度が一般的です。

なお，2019 年 8 月時点における GNSS 運用状況について，GPS（米国）が31 機，GLONASS（ロシア）が 24 機，Galileo（欧州）が 22 機，BeiDou（中国）が 33 機などとなっています[1]。

先ほど，携帯電話やスマートフォンは，補正信号を要しない単独測位により位置決めをしていると触れましたが，正確には，測位衛星以外の情報を使って

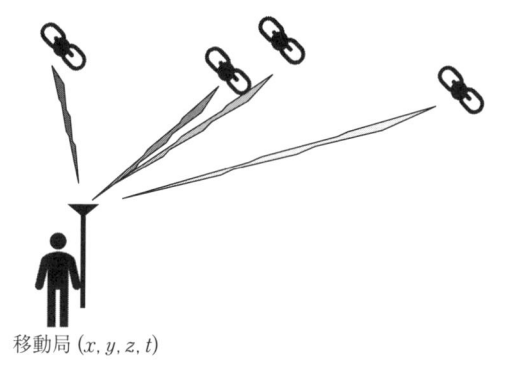

移動局 (x, y, z, t)

図 3.1　単独測位

座標精度を高めています。

　世界的に人気を博したスマートフォン用のゲーム「ポケモン GO」では，スマートフォンが特定のランドマークに接近することでイベントが発生します。また，速い速度で移動する端末上にはキャラクターが発生しないなど，正確な位置や速度の情報が使われていることがわかります。ゲーム以外にも，地図アプリをカーナビゲーションの代わりとして用いたり，駅から目的のお店までの道案内役を任せたりするなど，活用している方が多いかと思います。時として，携帯電話やスマートフォンを落としてしまった際にお世話になるであろう，携帯端末位置情報サービスを用いることで，発見に至ることもあるかもしれません。では，高層ビルが建ち並ぶ人口密集地での GNSS 計測は，外乱要素が多く，正確さを欠く場合があるにもかかわらず，どうして前述のようなことができるのでしょうか？

　携帯電話やスマートフォンの場合，限られたスペースに内蔵される GNSS アンテナが，測量などに使われるものほど高機能ではないことはすぐに理解できるかと思います。それを補うために，Wi-Fi やモバイルネットワークなどによる位置情報の補間サービスや，機体に内蔵されている加速度センサやコンパスなどを組み合わせて，位置情報の正確さを高める工夫がなされています。カーナビゲーションの場合も，例えば GNSS 信号を受けられないトンネル内でも自分の位置を正確に示すために，前述のように自動車に取り付けられたセンサの

情報を駆使し，自車位置を表示しています。

3.2 相 対 測 位

　単独測位の対義語として，"ディファレンシャル測位" や "RTK 測位" など
と呼ばれる方法の「相対測位」があります。**図 3.2** は相対測位の概略を示して
いますが，図 3.1 と比べてみると，基準局 (x_0, y_0, z_0, t) が追加されています。
この測位法は，正確な位置がわかっている基準局（base）と移動局（rover）
があり，この 2 局がどれだけ離れているかを求めることで位置決めを行う方法
です。

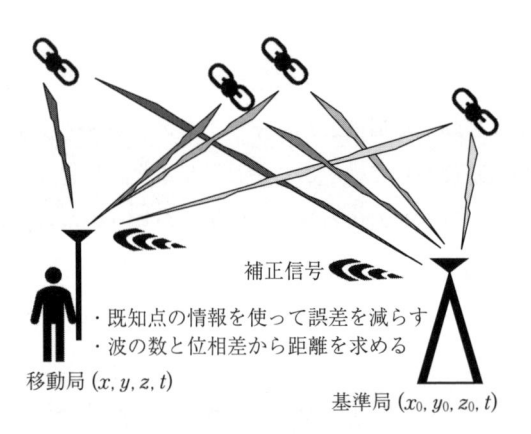

補正信号

・既知点の情報を使って誤差を減らす
・波の数と位相差から距離を求める

移動局 (x, y, z, t)

基準局 (x_0, y_0, z_0, t)

図 3.2　相対測位

　海上保安庁が 2019 年 3 月をもって廃止を表明したところですが，米国が運
用する GPS による座標精度を高める目的で，補正信号を配信する「DGPS
（Differential GPS）局」が全国 27 か所に設置されていました。当時の GPS に
よる座標精度は非常に悪く，海上では 100 m ほどの誤差になることもあった
ようですが，DGPS 局が中波に乗せて配信した基準局情報を利用することで，
この誤差を 1 m 程度に抑えることが可能になりました。なお，現在では
"MSAS" と呼ばれる運輸多目的衛星用衛星航法補強システムを利用すること

が一般的となり，海岸沿いに限らず，GNSS を受信できる環境で，かつ MSAS からの信号を受信できる GNSS 受信機であれば，ディファレンシャル測位が可能になっています。2020 年からは，準天頂衛星システム「みちびき」を利用して，この信号配信を行う予定です[2)]。

　また，さらに座標精度をあげる方法としてキネマティック方式があります。特に，リアルタイムキネマティック（Real Time Kinematic：RTK）方式は，GNSS に触れたことのある方であれば耳馴染みかと思われます。リアルタイムという名前のとおり，基準局が配信した情報を移動局が受信して即時に解析を行い，ベクトル計算の結果から位置決めを行います。基準局から配信される情報を利用し位置を補正するディファレンシャル測位法と仕組みは似ていますが，この方法は移動局位置を計算から求めるため，座標精度が高くなります。特に，解が定まった場合は「Fix 解が得られた」などと表現され，このときの座標精度は水平方向で数 cm とされています。

3.3　RTK 方式に対応した GNSS 受信機

　RTK 方式で位置決めを行うためには高価な機材を複数台（具体的には，基準局用と移動局用に最低 2 台）用意しなければいけません。自前の基準局を準備する必要がないネットワーク利用型のサービスも存在していますが，いずれにしても受信機を一式揃えるコストだけを見ても，数百万円はかかるといわれています。特に，公共測量などに用いられるような高級機は，サポートが充実しているものもあるとはいえ，現在でも非常に高価です。さらに，ネットワーク利用型のサービスを利用する場合も導入コストや維持費を考慮する必要があり，気軽に RTK 方式を体験できる環境にはありませんでした。

　そのような中，近年，u-blox 社や NVS 社といった各メーカが低価格かつ高性能な GNSS 受信モジュールを競って開発し，これらを実装した RTK 方式に対応した GNSS 受信機が流通されるようになりました。これらの GNSS 受信機を公共測量に用いることは 2019 年 3 月現在では認可されていませんが，例え

ば，自動運転に代表されるような自車位置を把握し制御するための航法センサ
や，ドローンの制御を司るフライトコントローラの一部としてなど，各方面に
おいて積極的に利活用・研究がなされています。

　著者は 2000 年頃から，研究や調査などに RTK-GPS を利用しています。使
い始めた当時はまだ GLONASS の運用はなく，衛星配置が悪ければ Fix 解が長
時間にわたって得られないことが多かったと記憶しています。しかし現在では
利用できる衛星の数や種類が増え，低価格化が進み，また機材もコンパクトに
なりました。**図 3.3** のように，カメラ用三脚などを利用して即席の基準局を開
設できますし（図 (a)），カメラ用一脚を移動局アンテナポールに利用して
RTK 方式で測量することも可能です（図 (b)）。この 20 年で，RTK 方式の低
価格化が進み，身近なものになったともいえます。

（a）　基準局　　　　　　　　　　（b）　移動局

図 3.3　低価格 GNSS 受信機による RTK 方式での測量の風景

3.4　基準局情報の配信

　図 3.3 の GNSS 受信機は u-blox 社製の C94-M8P であるため，基準局の情報
は受信機に内蔵された無線モデムを利用してやりとりが行われます。この無線
モデムは免許などが不要な特定小電力無線と呼ばれるもので，気軽に利用でき

る一方，通信エリアが限られるというデメリットがあります。また，カメラ用三脚に設置した仮設の基準局ではなく常用の基準局を想定した場合，GNSS 受信機は屋内に設置することがほとんどかと思われます。このようなケースではさらに通信エリアが狭くなり，RTK 方式の測量ができる範囲は非常に狭くなります。

　このような状態を解決する方法の一つとして，本書ではインターネットを介して基準局情報のやりとりを行う方法を紹介します。本書では SNIP というソフトウェアを利用して環境構築を行います。次章ではインストールについて説明します。

4
SNIP のインストール

　本章では SNIP をダウンロードし，PC にインストールする手順を説明します。ここで使用した PC のスペックを**表 4.1** に示します。なお，インストーラをダウンロードするためにはインターネット環境と，メールアドレスを利用したユーザ登録が必要です。

表 4.1　使用する PC のスペック

オペレーションシステム	Microsoft Windows10 Pro 64 bit バージョン 1803
CPU	AMD A6-1450 (4Core / 1.0 GHz)
メモリ	4GB DDR3-1600
ストレージ	SSD M-SATA 64 GB
グラフィックボード	オンボード (AMD Radeon HD 8250)
ネットワーク	【無線】IEEE 802.11ac (2.4 GHz / 5 GHz)
	【有線】10 / 100 / 1 000 Mbps
その他	USB2.0×4 / USB3.0×2 / HDMI / VGA / Bluetooth 4.0

4.1　ユーザ登録とダウンロード

　図 4.1 は SNIP のウェブサイト（https://www.use-snip.com）です。ユーザ登録やインストーラのダウンロードは上のメニューまたはバナーにある"DOWNLOAD SNIP"をクリックします。余談ではありますが，このウェブサイトは NTRIP や RTK-GNSS に関する情報が満載で，特に基準局情報の標準フォーマット（RTCM3.x）に関する記述においてはほかにないほどまとめられています。日本語対応ではないのが惜しまれるところではありますが，ぜひ

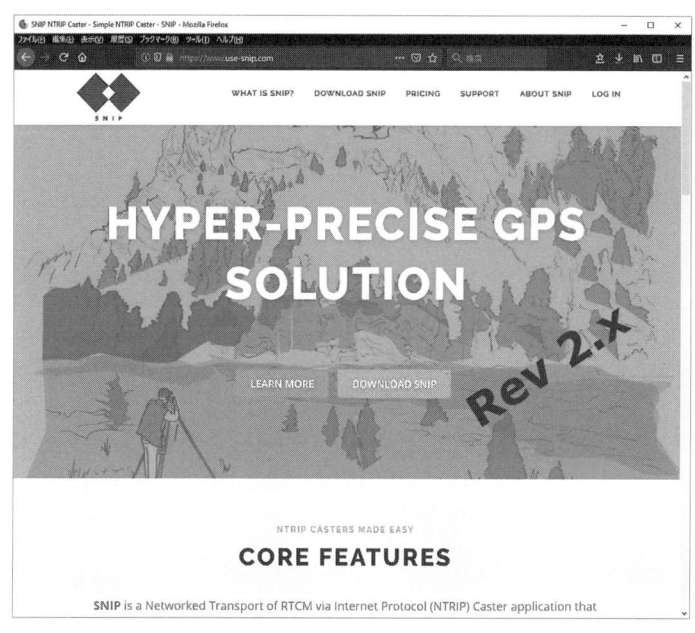

図 **4.1** SNIP のウェブサイト
https://www.use-snip.com（Browsed on Dec. 12/2018）
© 2018 Simple NTRIP Caster–SNIP

活用してください。

以前までは，入出力ストリーム数の制限やオペレーティングシステムの違い
によって四つのバージョンが存在していましたが，2019 年 4 月現在は**図 4.2** に
示すよう，"Evaluation Copy of SNIP" という評価版のみの選択となりました。

まず，"Free–Add to Cart" ボタンをクリックします。続けて，ユーザ情報の
登録画面に移行します。ここでは**図 4.3** のように，＊印が付してある
Email Address と，First Name を入力します。このメールアドレス宛に，SNIP
のインストーラのダウンロードリンクが送られてきます。入力を済ませたあと
は，"FREE DOWNLOAD" ボタンをクリックします。

ボタンをクリックしたあと，先ほど入力したメールアドレス宛てに "SNIP
Purchase Receipt" という件名のメールが送信されます。そのメールの文中に，
"SNIP_2_xx_setup"（ただし，xx はバージョンを示す数字が入ります）という

WHAT IS SNIP?　DOWNLOAD SNIP　CASTER SOLUTIONS　PRICING　SUPPORT　LOG IN

DOWNLOAD SNIP

1. Download SNIP (below)
2. Find the right package
3. Activate your license.

Latest Release: 2.08.00　(Windows 32/64 Bit)

Evaluation Copy of SNIP
Free – Add to Cart

図 4.2　SNIP のダウンロード
https://www.use-snip.com/download/（Browsed on Apr. 18/2019）
© 2019 Simple NTRIP Caster–SNIP

WHAT IS SNIP?　DOWNLOAD SNIP　CASTER SOLUTIONS　PRICING　SUPPORT　LOG IN

ITEM NAME	ITEM PRICE		ACTIONS
SNIP Installer	$0.00		Remove
			SAVE CART
			TOTAL: $0.00

Personal Info

Email Address *
We will send the purchase receipt to this address.
info@cleandata.jp

First Name *
We will use this to personalize your account experience.
Issei

Last Name
We will use this as well to personalize your account experience.
Last Name

Purchase Total: $0.00

FREE DOWNLOAD

図 4.3　ユーザ情報の登録
https://www.use-snip.com/download/（Browsed on Apr.18/2019）
© 2019 Simple NTRIP Caster–SNIP

ダウンロードリンクがありますので，そこをクリックし，ファイルのダウンロードを行います。ファイル容量はおよそ50 MBです。ダウンロードファイルはZIP形式で圧縮されていますので，ダウンロードが完了したらファイルを右クリックし，任意の場所で解凍します（どこで解凍しても構いません）。解凍すると，"SNIP_2_xx_setup.exe"という実行ファイルが確認できます。

4.2　インストーラの起動とインストール

4.1節で準備したインストーラをダブルクリックすると，インストール作業が開始されます。基本的にはダイアログの指示に従い"Next"ボタンをクリックし続けるだけですので，難しいところはありませんが，図4.4のライセンスに関するダイアログについては"I accept the agreement"を選択しなければインストール作業を続けられませんので，注意してください。その他については，デフォルトのままで問題はありませんので，英語が苦手な方でも心配する必要はありません。

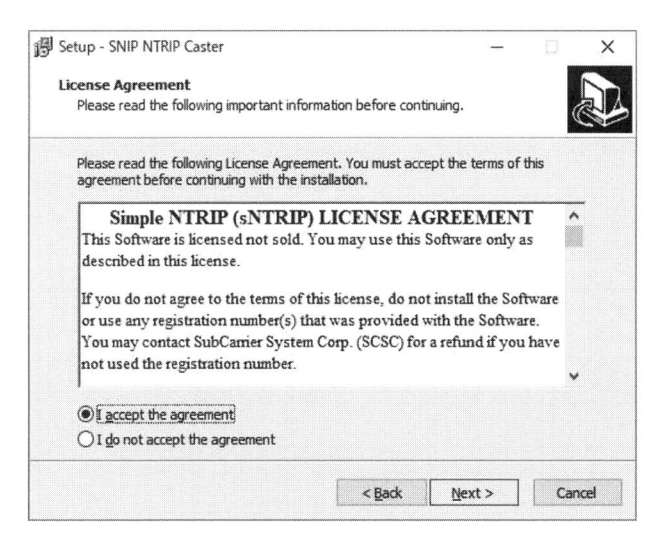

図4.4　License Agreement 画面

インストールが完了すると，**図 4.5** が表示されますので，"Finish" ボタンをクリックします。

引き続き，次章では SNIP の設定について進めます。

図 4.5 インストール完了画面

5

SNIP の 設 定

本章では，SNIP の設定について説明をします。

本書での GNSS 受信機は，PC と USB 接続すると COM ポートとして認識されるような USB シリアル変換が内蔵されているものを使用しています。現在販売されている PC のほとんどには COM ポートが装備されていませんので，基準局として使用する GNSS 受信機によっては，別途 USB シリアルコンバータを用意し，PC と接続する必要があります。

また基準局は，インターネット回線を介して外部の端末と基準局情報の送受信を行います。データの送受信が行えるようにするため，基準局のネットワーク環境もあわせて設定します。

5.1 GNSS 受信機の接続

SNIP の設定を行う前に，GNSS 受信機から出力される基準局情報を PC に取り込むための設定を行います。本書では u-blox 社製の GNSS モジュール NEO-M8P を使った受信機（**図 5.1**）を基準局に使用しています。この受信機には USB ポートが備わっていて，Windows10 や Raspberry Pi の標準 OS である Raspbian などと接続する場合は，ドライバをインストールすることなく USB シリアル COM ポートとして認識してデータの送受信ができます。Windows10 以前の Windows OS とつなぐためには，専用のドライバをインストールしなければいけません。u-blox 社から提供されている GNSS 受信機設定ユーティリティソフトのインストーラにバンドルされていますので，こちら

図 5.1 受信機

を u-blox 社のウェブサイトからダウンロードします。

　受信機によっては，Dサブコネクタを使った通信方法が用いられていること
があります。現在流通している PC のほとんどには D サブコネクタを直接つな
ぐことが難しいため，この場合は USB シリアルコンバータを使ってデータを
PC に取り込みます。USB シリアルコンバータには基板タイプやケーブルなど
が一体になったタイプなど，各社からさまざまな形で販売されています。その
中でも，家電量販店で購入することができるケーブル一体型のタイプは，デー
タの取りこぼしなどが発生しにくく，動作が安定していると好評なのだそうで
す。また，基板タイプを使用する場合は，Windows や Linux 系 OS の標準ドラ
イバで認識する FTDI 社製の変換チップを搭載したコンバータが非常に安価で
お勧めです（**図 5.2**）。ただし，はんだ付けなどの加工が必要な場合がほとん
どのため，電気工作が好きで自作したい方向けかもしれません。

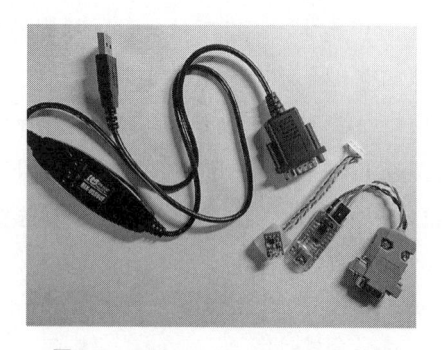

図 5.2　USB シリアルコンバータの例

その他の通信方法として Bluetooth を用いた接続もありますが，安定した運用および信頼性という観点からは，有線での接続をお勧めします。

Windows OS で COM ポートとして正しく認識されたかは，デバイスマネージャなどから確認できます。**図 5.3** および**図 5.4** は Windows10 Pro での確認例です。左下の Windows アイコンを右クリックすると図 5.3 が表示されますので，"デバイス マネージャー"をクリックします。そうすると，デバイスマネージャの画面が出てきますので，"ポート（COM と LPT）"の欄を確認します。図 5.4 の例では，USB シリアルポート（デバイス）として COM7 と COM8 が認識されています。COM ポート番号は環境によって異なりますので，適宜読み替えてください。なお，接続された受信機から RTCM メッセージが出力されていることを前提に，以降の説明をします。

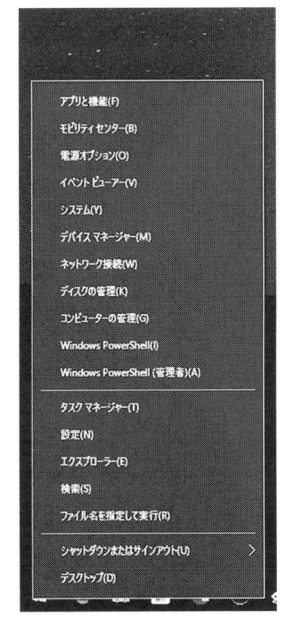

図 5.3 デバイスマネージャ
の呼出し

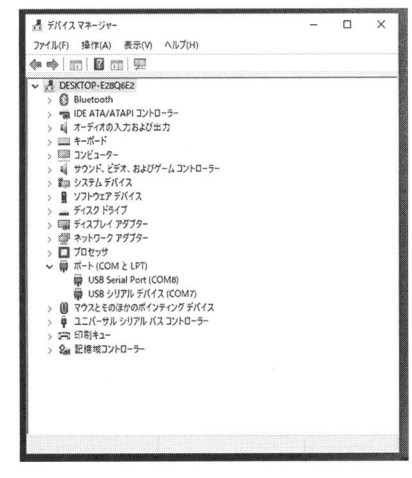

図 5.4 COM ポートの確認

5.2　SNIP の起動とデフォルト設定の解除

　SNIP を起動しましょう。デスクトップにあるアイコンをダブルクリックするか，スタートメニューから SNIP のアイコンをクリックします。バージョンによって若干の違いはありますが，**図 5.5** のように複数のタブで構成されている画面が表示されます。起動時は "Status" タブが表示され，設定を一通り確認することができます。この段階では IP アドレスなどの設定がなされていないため何のデータも配信していませんが，デフォルトの設定が有効になっているため，4 系統のメッセージストリーム（図では Relay Streams）を読み込んでいる状態です。SNIP のアプリとしての動作（もしくはユーザインタフェース）の確認をする以外には，このメッセージストリームは使い道が限られますので，この設定を解除していきます。

　まずは，一つ右側の "Caster and Clients" タブに移動します。このタブでは，SNIP をインストールした PC の IP アドレスや，外部からアクセスを受ける際に使用するポート番号，ユーザアカウントの設定などが行えます。メッセージストリームの設定変更はデータの読込みを一度停止させてから行います。画面右側に "Disconnect" というボタンがありますので，ここをクリックします。クリックすると，"Take Caster Offline" ダイアログが表示され，SNIP Caster をオフラインにするかを尋ねられますので，"Yes" をクリックします（**図 5.6**）。オフラインになると，**図 5.7** の矢印部分が赤字になり "Offline" と表示されます。

　オフラインになったことが確認できたら，続いて "Relay Streams" タブに移動します（**図 5.8**）。ここには，SNIP をインストールした直後，デフォルトで設定されているメッセージストリーム（表には "MountPt" と書かれています）が 4 系統ありますが，これらは不要ですので削除していきます。画面上の黄緑色で表示されている矢印箇所を右クリックすると，**図 5.9** のようにメニューが表示されますので，一番上にある "Disconnect" をクリックします。そうする

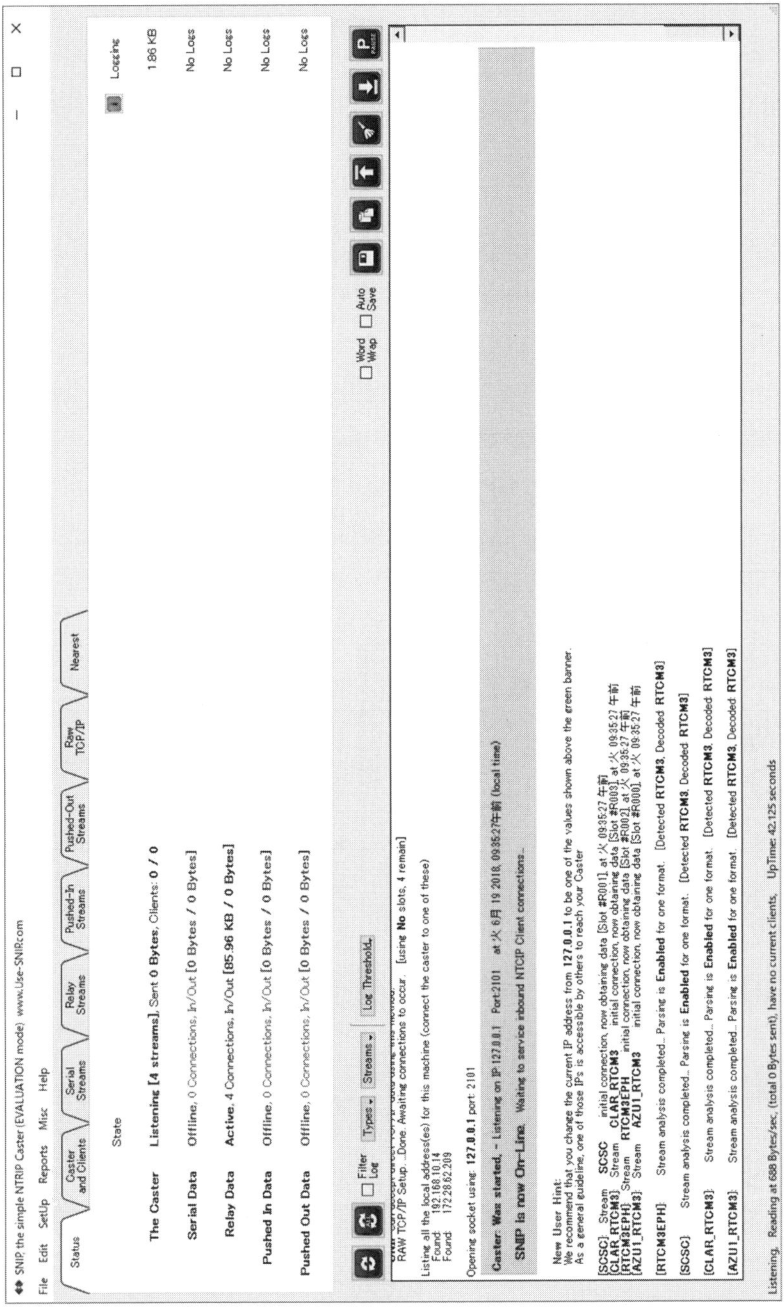
SNIP the simple NTRIP Caster (EVALUATION mode) www.Use-SNIP.com
File Edit SetUp Reports Misc Help
Status
Caster and Clients
Serial Streams
Relay Streams
Pushed-In Streams
Pushed-Out Streams
Raw TCP/IP
Nearest
State
Logging
The Caster
Listening [4 streams], Sent 0 Bytes, Clients: 0 / 0
1.86 KB
Serial Data
Offline, 0 Connections, In/Out [0 Bytes / 0 Bytes]
No Logs
Relay Data
Active, 4 Connections, In/Out [85.96 KB / 0 Bytes]
No Logs
Pushed In Data
Offline, 0 Connections, In/Out [0 Bytes / 0 Bytes]
No Logs
Pushed Out Data
Offline, 0 Connections, In/Out [0 Bytes / 0 Bytes]
No Logs
Filter Log
Types
Streams
Log Threshold
Word Wrap
Auto Save
Caster: Was started. - Listening on IP:127.0.0.1 Port:2101
SNIP is now On-Line. Waiting to service inbound NTRIP Client connections...
New User Hint:
Listening. Reading at 688 Bytes/sec, (total 0 Bytes sent), have no current clients, UpTime: 42.125 seconds

図 5.5　ステータス画面

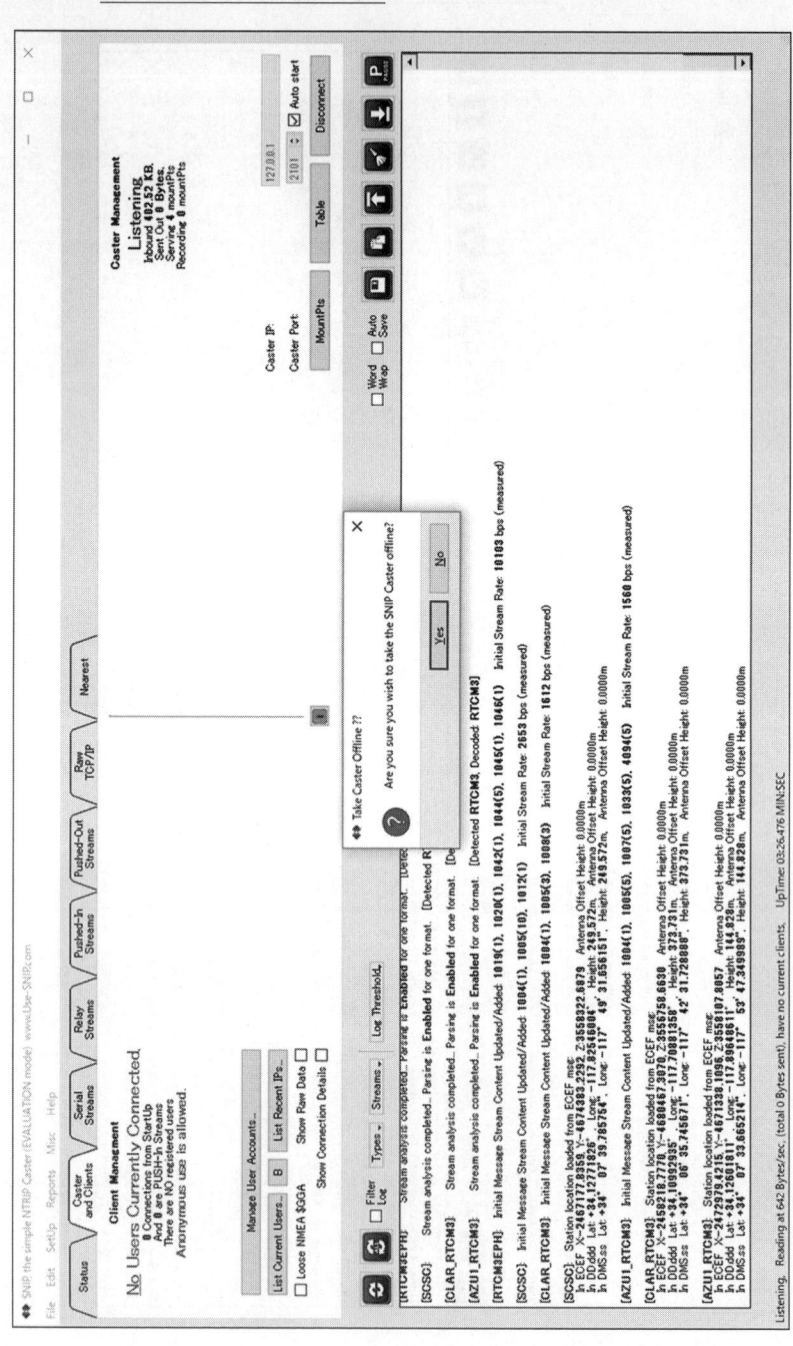

図 5.6 Caster and Clients 画面 (Offline の設定)

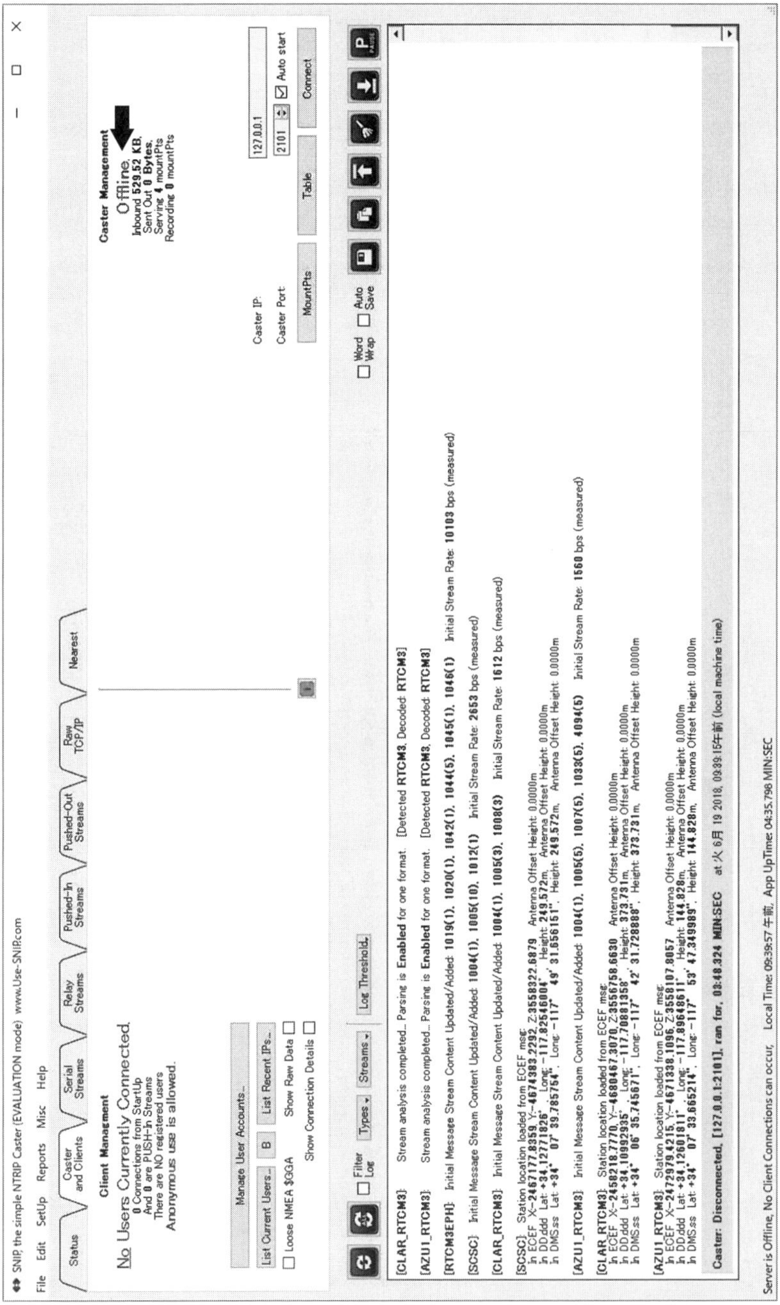

図 5.7 Caster and Clients 画面での Offline 設定確認

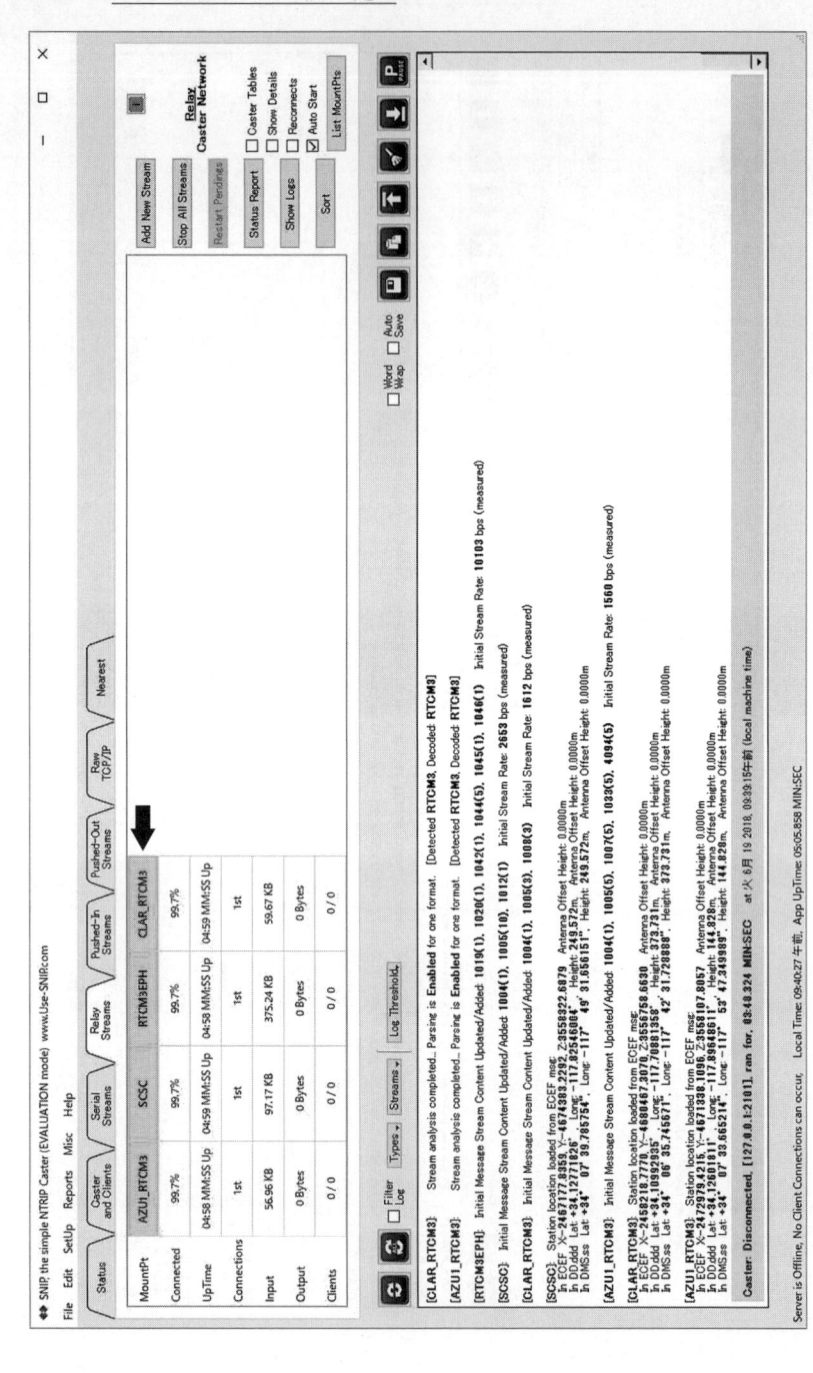

図 5.8　Relay Streams 画面

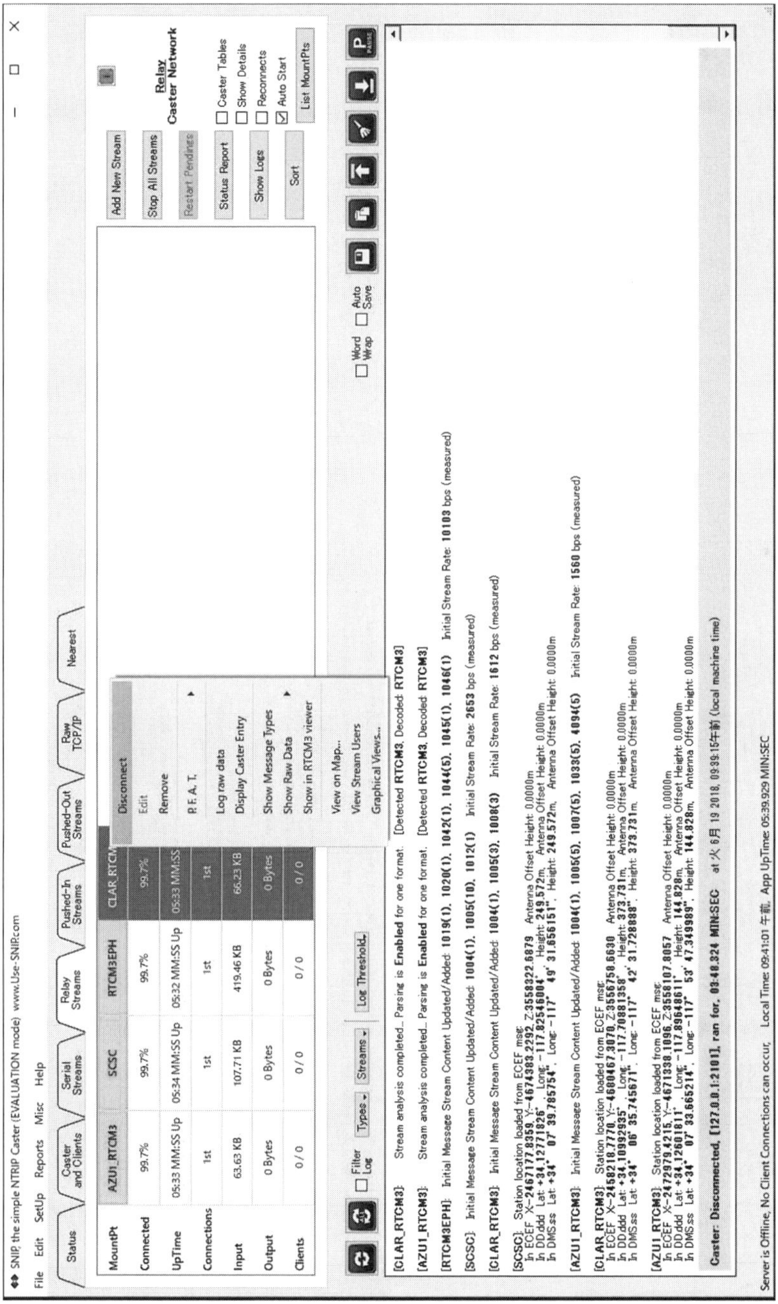

図 5.9　Relay Streams の削除

SNIP the simple NTRIP Caster (EVALUATION mode) www.Use-SNIP.com

File Edit SetUp Reports Misc Help

Status | Caster and Clients | Serial Streams | Relay Streams | Pushed-In Streams | Pushed-Out Streams | Raw TCP/IP | Nearest

	State	
The Caster	Offline [0 streams], Sent 0 Bytes, Clients: 0 / 0	Logging
Serial Data	Offline, 0 Connections, In/Out [0 Bytes / 0 Bytes]	3.43 KB
Relay Data	No Active Relay Connections...[8 slots unused]	No Logs
Pushed In Data	Offline, 0 Connections, In/Out [0 Bytes / 0 Bytes]	No Logs
Pushed Out Data	Offline, 0 Connections, In/Out [0 Bytes / 0 Bytes]	No Logs

[AZU1_RTCM3]

[RTCM3EPH]: Initial Message Stream Content Updated/Added 1019(1), 1020(1), 1042(1), 1044(5), 1045(1), 1046(1) Initial Stream Rate: 10103 bps (measured)

[SGSG]: Initial Message Stream Content Updated/Added 1004(1), 1005(10), 1012(1) Initial Stream Rate: 2653 bps (measured)

[CLAR_RTCM3]: Initial Message Stream Content Updated/Added 1004(1), 1005(3), 1008(3) Initial Stream Rate: 1612 bps (measured)

[SGSG]: Station location loaded from ECEF msg:
In ECEF X=-2467177.8355, Y=-4674383.2292, Z=3558322.6879 Antenna Offset Height: 0.0000m
In DDddd Lat +34.12562600", Long=-117.256480000" Height: 249.572m, Antenna Offset Height: 0.0000m
In DMSss Lat +34° 07' 39.785754", Long=-117° 49' 31.856151". Height: 249.572m, Antenna Offset Height: 0.0000m

[AZU1_RTCM3]: Initial Message Stream Content Updated/Added 1004(1), 1005(5), 1007(5), 1033(5), 4094(5) Initial Stream Rate: 1560 bps (measured)

[CLAR_RTCM3]: Station location loaded from ECEF msg:
In ECEF X=-2462118.2770, Y=-4680467.3070, Z=3556758.6630 Antenna Offset Height: 0.0000m
In DDddd Lat +34.10992935", Long=-117.70813358" Height: 373.731m, Antenna Offset Height: 0.0000m
In DMSss Lat +34° 06' 35.745677". Long=-117° 42' 31.728888". Height: 373.731m, Antenna Offset Height: 0.0000m

[AZU1_RTCM3]: Station location loaded from ECEF msg:
In ECEF X=-2472934.4215, Y=-4671338.1096, Z=3556107.8057 Antenna Offset Height: 0.0000m
In DDddd Lat +34.12601811", Long= -117.896485611" Height: 144.828m, Antenna Offset Height: 0.0000m
In DMSss Lat +34° 07' 33.665214". Long= -117° 53' 47.349989". Height: 144.828m, Antenna Offset Height: 0.0000m

Caster: Disconnected. [127.0.0.1:2101], ran for, 03:48.324 MIN-SEC   at 火 6月 19 2018, 09:39 15午前 (local machine time)

[RTCM3EPH]: Remote TCP/IP stream [#R002] xxxx@ntripuser-snip.com:2101/RTCM3EPH disabled.

□ Word □ Auto
   Wrap   Save

□ Filter □ Types ▾ | Streams ▾ | Log Threshold ▾ | Stream analysis completed. Parsing is **Enabled** for one format. [Detected RTCM3, Decoded RTCM3]
   Log

Server is Offline, No Client Connections can occur.   Local Time: 09:43:05 午前   App UpTime 07:44.014 MIN-SEC

図 5.10　Relay Streams の削除確認

と，黄緑色の表示が赤色に変化します。続けて，赤く表示された部分を再度右クリックし，上から3段目の"Remove"をクリックすると，クリックしたメッセージストリームが削除されます。この作業をほかのメッセージストリームにも繰り返し行い，すべてのものを削除します。すべてを削除し終えてから"Status"タブを開き，矢印部分に赤い文字で [0 streams] と表示されていることを確認します（**図5.10**）。

5.3　**Serial Streams** の設定

　5.2節では不要なメッセージストリームを削除しました。本節では，5.1節でPCに接続したGNSS受信機からの情報をSNIPに読み込ませます。

　図5.11 の"Serial Streams"タブで，GNSS受信機からの情報をSNIPに読み込む設定を行い，また，状態を確認することができます。インストール直後は図5.11のように何も読み込まれていませんので，ここに追加していきます。右側に"Add New Stream"ボタンがありますので，クリックします。クリックすると，**図5.12** のような"Serial Stream Configuration"ウィザードが起動します。この指示に従って設定を進めることで，GNSS受信機の情報をSNIPに読み込ませることができます。"Next"をクリックし，つぎに進みます。

　つぎの画面（**図5.13**）では，COMポートの設定を行います。GNSS受信機に該当するCOMポートを選択し，ボーレートを設定します。図5.13の例では，COMポートとして"COM6"，また，"Baud Rate"には"115200"を設定していますが，これはお使いのGNSS受信機によって適宜読み替えてください。なお，基準局設定を施したGNSS受信機は1秒ごとにデータを出力させることが一般的ですので，"Serial Read Interval"は"500 ms"を選択します。

　続けて**図5.14** ではマウントポイント（Mount Point）の設定を進めます。マウントポイントという言葉は先ほどからたびたび登場していますが，メッセージストリームを識別するために付ける名前です。自由に名前を付けることができ，識別や管理を容易にする助けとなります。好きな名前を入力し，その横に

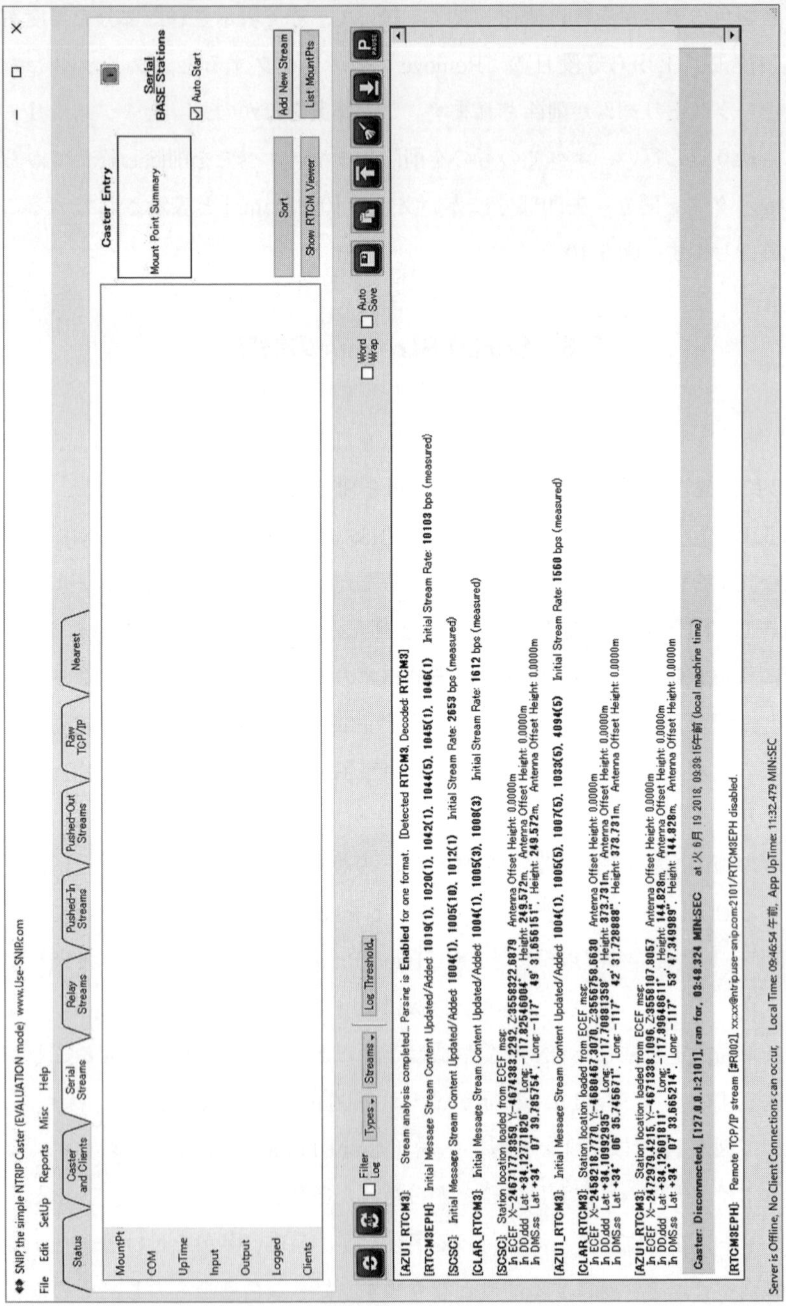

図 5.11　Serial Streams 設定画面

図 5.12　Serial Streams Configuration ウィザード

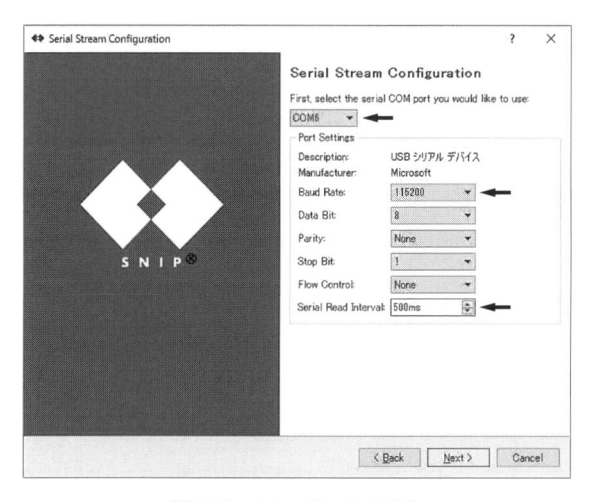

図 5.13　COM ポートの設定

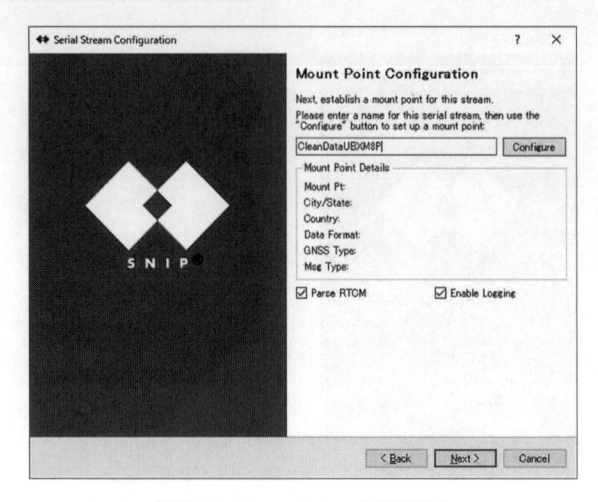

図 5.14　Mount Point の概略設定

図 5.15　Mount Point の詳細設定

ある "Configure" ボタンをクリックすると，**図 5.15** の "Caster Table Data Entry" が表示されます。ここでは，先ほど図 5.14 で入力したマウントポイント名，都市名，国名（日本であれば JPN）をキーボードなどから入力します。以降については使用する GNSS 受信機によって各自で設定をしてください。設定を間違った場合は，後ほど修正が可能ですので，まずは作業を進めてみましょう。

① Data Format：基準局運用の場合は "RTCM3.x" などと表現される標準フォーマットに基づいたデータを受信機から出力している場合がほとんどかと思います。u-blox 社製の NEO-M8P の場合は，RTCM3.3 フォーマットで，アンテナ位置情報（1005），GPS（1077），GLONASS（1087, 1230），BeiDou（1127）の各衛星の情報を出力することが可能（GLONASS と BeiDou は排他利用）です。このメッセージ形式を補正信号として利用可能な受信機であれば，メーカに依存せず利用可能です。また，図の例では "Auto Detect w/Parse" としていますが，メッセージストリームの種別を解析する機能があり，デフォルトでは ON（チェックが入っている状態）になっています。なお，NEO-M8P は RTCM フォーマットに変換する前のデータ（u-blox Raw）を出力することが可能ですが，受信機各社のプライベートフォーマット同様，ここでは触れません。

② GNSS types：使用している受信機が受けている衛星の種類を設定します。

③ Carriers：1 周波 GNSS を利用しているので，ここでは 1 を選択します。

④ Msg Types/Location/Access/Misc.：空欄で構いません。

① から ④ までの入力を完了させ，"OK" ボタンをクリックし，続けて "Next" ボタンをクリックします。そうすると，つぎは**図 5.16** のコマンド設定画面が現れます。今回はコマンド設定をしませんので，何も入力せず，"Next" ボタンをクリックします。**図 5.17** を確認し，"Finish" ボタンをクリックして，**図 5.18** のように新しくマウントポイントが作られたことを確認します。

続けて，SNIP と GNSS 受信機の間でメッセージのやりとりができるか確認しましょう。**図 5.19**（a）のように，マウントポイントを右クリックし，

図 5.16　コマンド設定

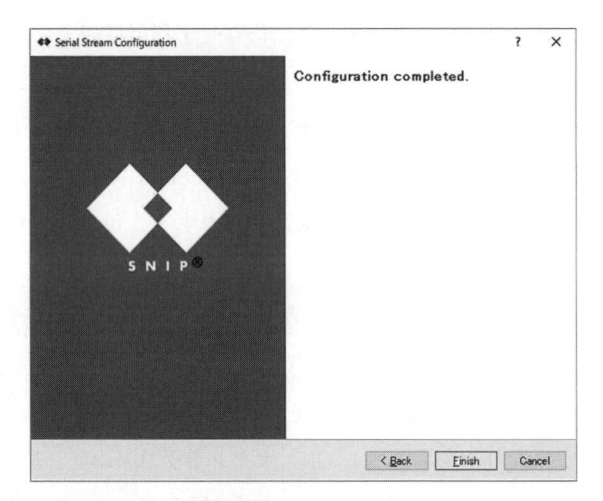

図 5.17　設定終了画面

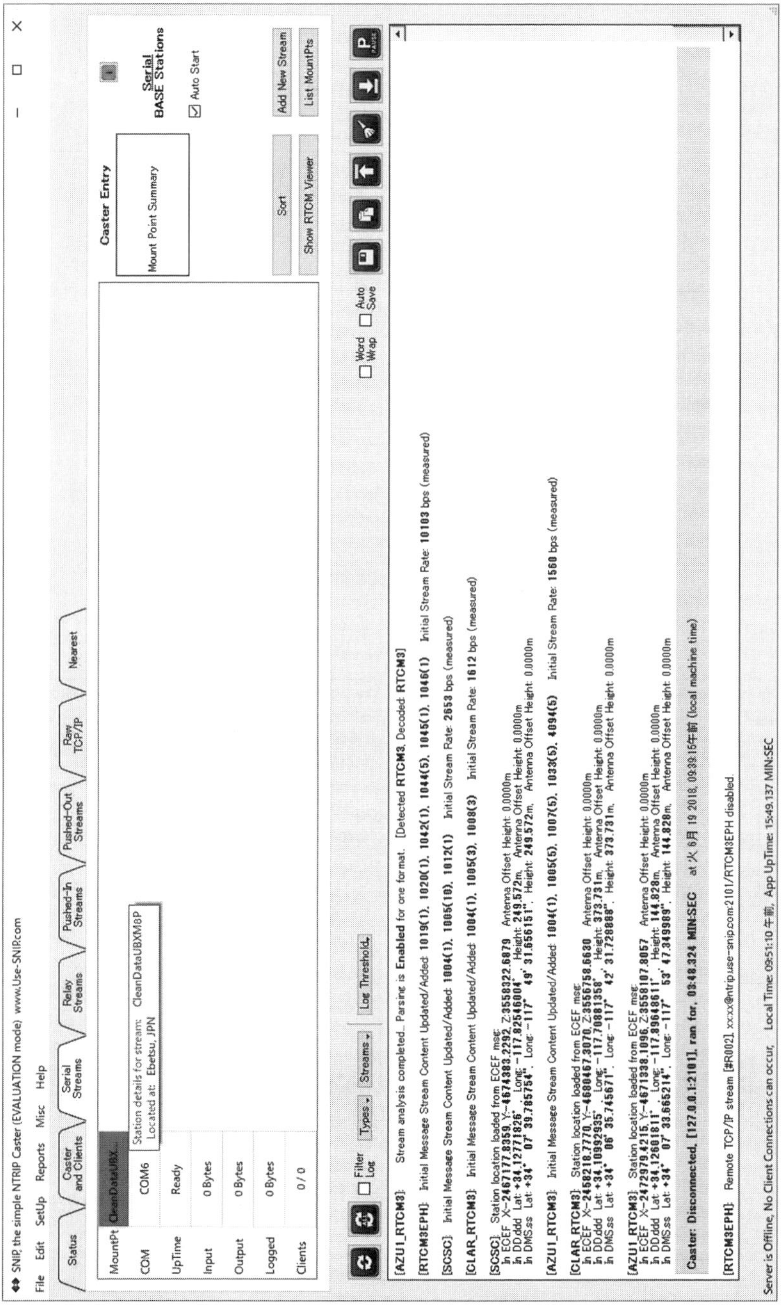

図 5.18 Mount Point の確認画面

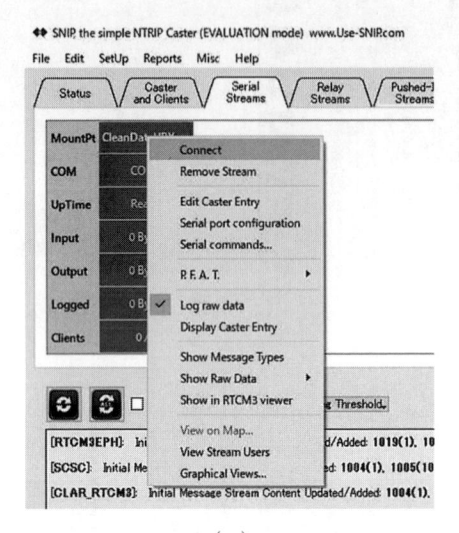

(a)

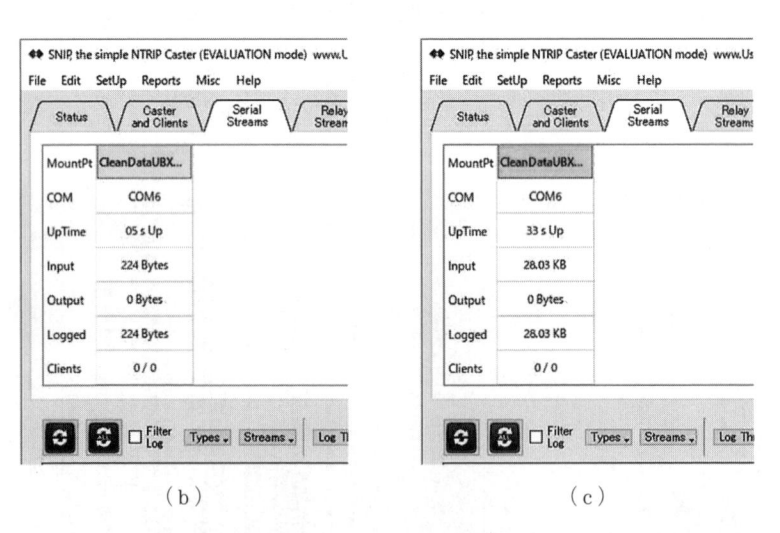

(b)　　　　　　　　　　　　　　　　　　(c)

図 5.19　Mount Point の確認

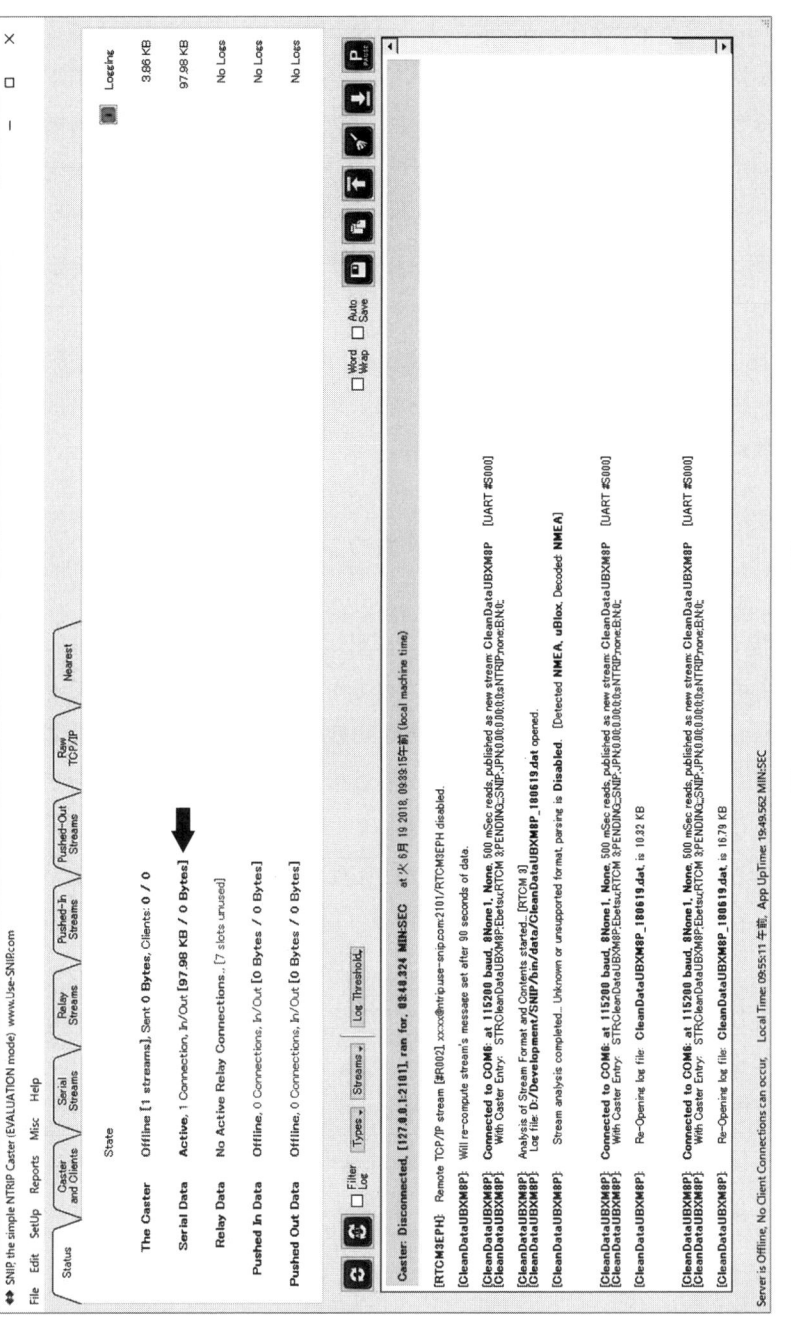

図 5.20　Serial Data の確認

"Connect" をクリックすると，これまで画面上で赤色だったマウントポイント
の表示が緑色に変化します（図（b），（c））。COM ポートの設定などに不備
があると緑色に変化しませんので，同じく右クリックをして表示される画面か
ら "Serial port configuration" や "Edit Caster Entry" をクリックし，設定を見
直します。緑色の表示になったことを確認したうえで "Status" タブをクリッ
クすると，**図 5.20** のように Serial Data の欄が Active という表示になります。
これで，Serial Streams の設定が完了です。

　なお，無料で利用できる Lite 版では，メッセージストリームが 3 系統まで
という制限があります。続けて別のメッセージストリームを読み込むには，こ
の作業を繰り返し行います。

5.4　ユーザアカウント設定

　SNIP のデフォルト設定では，5.3 節で設定したメッセージストリーム名（マ
ウントポイント）がわかっていれば，だれもが基準局情報にアクセスできるよ
うになっています。しかし，セキュリティの観点やデータの利用に関してのト
ラブルを避けるため，メッセージストリームへのアクセスを特定のユーザのみ
に制限したいと考える方も多いのではないでしょうか。

　図 5.21 の "Caster and Clients" タブに移動します。ここに "Manage User
Accounts" というボタンがありますので，クリックすると，**図 5.22** の "Registered
Users" という表示になります。まず，"Allows Anonymous Access …" のチェッ
クを外します。ここを外さない場合は，不特定多数にアクセスを許可すること
になります。つぎにその下のチェックですが，ソフト開発者がモニタリングす
ることを許可するか否かというものですので，どちらでも構いません。これら
のチェックを処理してから，続けて "Add User" ボタンをクリックします。

　図 5.23 はユーザアカウントの作成・編集画面です。ユーザ名とパスワード
を作成・設定することができます。なお，このユーザ名とパスワードを利用し
て，複数の端末から同時にメッセージストリームへアクセスすることが可能で

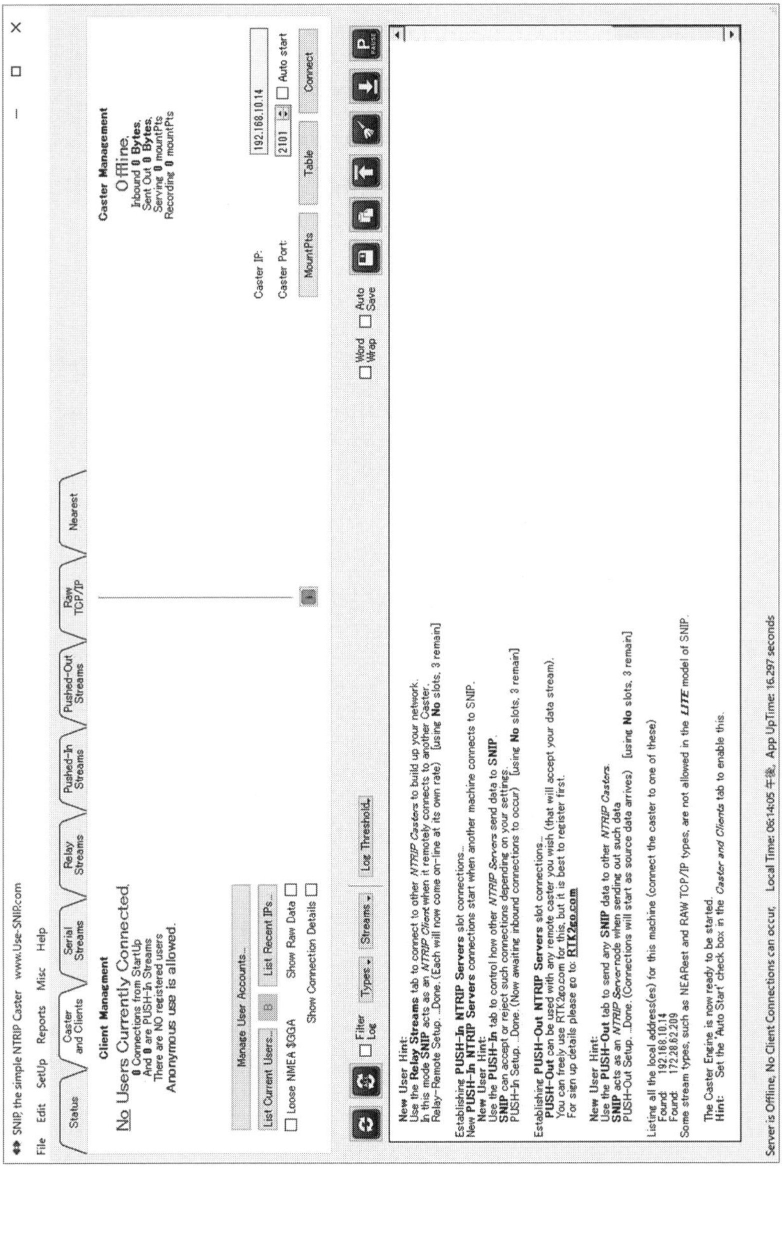

図 5.21　Serial Data の確認

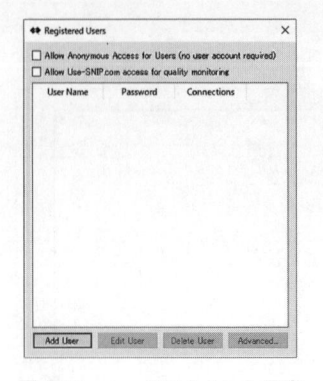

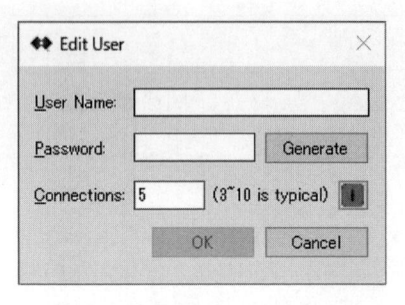

図 5.22 ユーザアカウント設定   図 5.23 ユーザアカウントの追加

すが，"Connections" に任意の数字を入れることで，同時接続数の上限を設定します。入力が完了し "OK" ボタンをクリックすると図 5.22 に戻りますので，右上の×をクリックしダイアログを閉じます。

ユーザアカウントは複数作成できますので，例えばメッセージストリームごとにユーザアカウントをそれぞれ割り当てるなどの運用ができます。この設定はいつでも変更ができますので，パスワードを定期的に変更するなどをしてデータの保護に役立てることも可能です。

5.5　IP アドレス・ポートの設定

SNIP の設定の最後は，IP アドレスとポート番号の入力です。SNIP をインストールした PC に割り当てられているローカル IP アドレスによって，外部の PC から基準局情報にアクセスするための "専用の道" を作り，設定を行います。なお，IP アドレスの調べ方や，固定 IP アドレスの割当てについては 10.2 節を参考にしてください。

5.3 節のアカウント設定が完了した状態ですと，図 5.21 が表示されています。**図 5.24** はその右側部分を拡大したものです。ここには Caster IP と Caster Port を入力する箇所があります。Caster IP には PC のローカル IP アドレスを入力します。図の例では，SNIP を設定している PC のローカル IP アドレスが

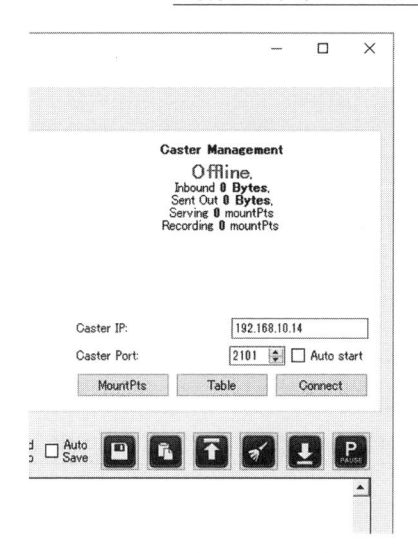

図 5.24 IP とポートの設定

"192.168.10.14" なので，そのとおりに入力します。Caster Port についてはデフォルトで 2101 になっていますが，変更可能です。入力を完了させ，右下の "Connect" ボタンをクリックするとファイヤーウォールの警告画面が表示されることがありますが，これは上記の "専用の道" を作ることの確認ですので，許可します。**図 5.25** のように表示されれば，ローカルエリア内では基準局情報の配信が開始されます。

　なお，Caster Port は，外部の端末へ基準局情報を受け渡すための "専用の道" になります。「ポートの開放」などといわれるものですが，不用意かつ無意味に増やすことはセキュリティの観点からは好ましくありません。また，次章では外部からのアクセスやリクエストをローカル IP アドレスに送信するための「ポートマッピング」という設定を行いますが，限定的とはいえ外部からネットワークにアクセスを許可する行為となります。利用する環境でネットワーク管理者がいる場合は，その方に指示を仰いでください。また，個人や小規模なネットワークで構築する場合も，慎重に作業することをお勧めします。

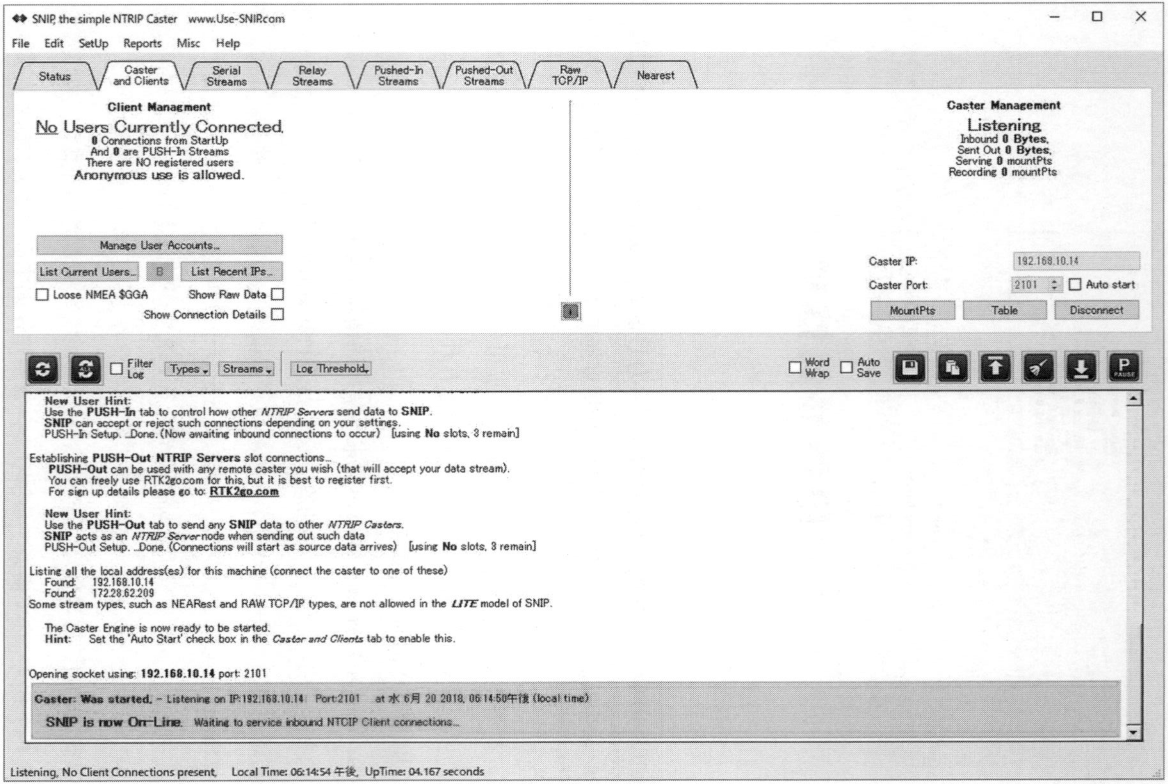

図 5.25　ネットワーク接続後の画面

6 基準局の開設と機能チェック

5章ではソフトウェアの設定について説明しました。5章の最後にはSNIPをネットワークに接続したので、同一ネットワークにつないだ端末（PCやタブレットなど）からは基準局情報を受け取ることが可能です。ただし、実際には、スマートフォンによるテザリングなど、SNIPを起動するネットワークとは別のネットワーク環境から基準局情報にアクセスする場合がほとんどです。本章では外部からのアクセスを可能にするため、ルータの設定を行います。

6.1 ポートマッピング

図6.1はネットワークを模式的に示したものです。厳密には少々違いますが、イメージとしてはつぎのようにとらえると理解がしやすいかと思います。

- ・WAN：外部ネットワーク、グローバルIPアドレスは住所や郵便番号に相当
- ・ルータ：玄関
- ・PC-1/PC-2/…/PC-n：室内の小部屋で、それぞれローカルIPアドレス（部屋番号）を持つ

外部から室内に入るためには、玄関を必ず通らなければいけません。逆もまた同じで、内部から外部へも必ずルータを経由します。通常、ルータの防衛力はとても強力で、外部からのアクセスは拒否し、内部への侵入を阻止します。ところが、これが災いして、このままではPC-1の小部屋の本棚にあるNTRIP Caster、すなわち基準局情報を受け取れないのです。

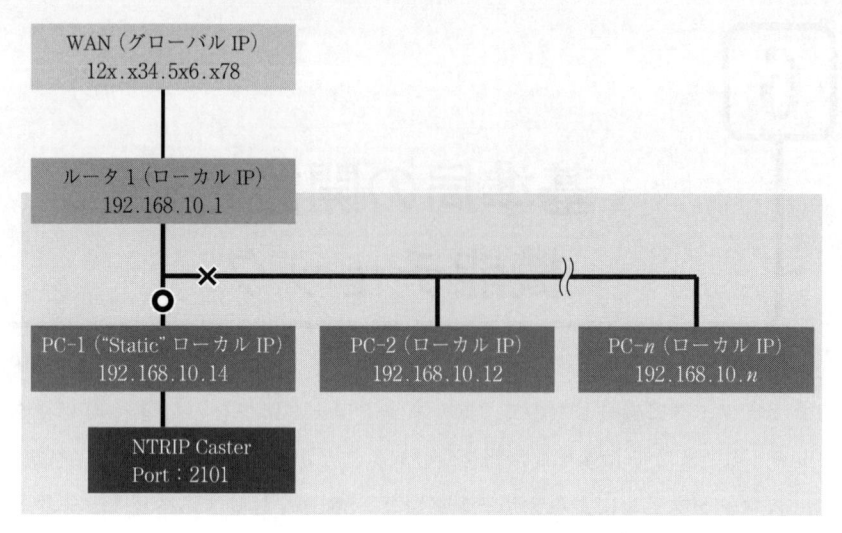

図 6.1 ネットワークの模式図

　そこで，ほかの小部屋へは進入させることなく，外部から小部屋（PC-1：192.168.10.14）の本棚（Port：2101）にある NTRIP Caster のみにアクセスできるようにする設定が，ポートマッピングと呼ばれるものです。各社からさまざまなルータが発売されていますが，いずれのルータにも備わっているものです。本書では NEC 社製のブロードバンドルータ Aterm WG2600HP2 を例に設定をしています。Aterm シリーズはブラウザからルータの設定を簡単に行うことが可能で，**図 6.2** のように詳細設定の項目からポートマッピング設定メニューを見つけることができます。他社製ルータの場合も，ポートフォワーディングやポートリダイレクションなどという名前で設定が行えます。

　図 6.3 はポートマッピング設定のエントリ一覧です。「ローカル IP アドレス"192.168.10.14" の小部屋 "Port：2101" という本棚にあるデータへのアクセスを許可」という項目を，ここに追加させます。**図 6.4** の例のように，ローカル IP アドレスと，ポート番号を入力し，追加・設定を行います。追加が完了すると，**図 6.5** のように一覧に表示されます。ポートマッピングの設定は以上のとおりですが，設定の保存や再起動など，ルータの指示に従って進めてくだ

図6.2　Aterm WG2600HP2 の設定画面

図6.3　エントリ一覧画面

さい。

　ポートマッピングを設定することによって，指定したPCの特定のポートについては外部からアクセスを受け付けることになります。繰り返しになりますが，不用意・不必要なポートの開放によって情報漏洩などセキュリティ面でのリスクが増すので避けましょう。ウイルス対策ソフトの導入や，重要なデータが含まれるPCを基準局用途には使用しない，通常使用するものとは別のネッ

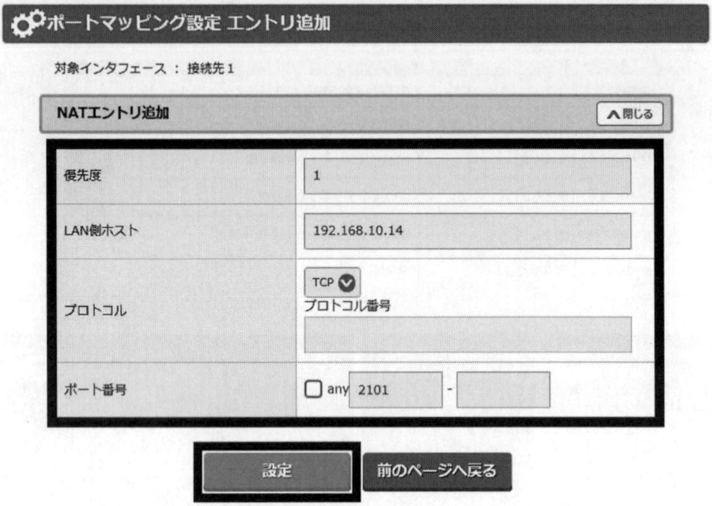

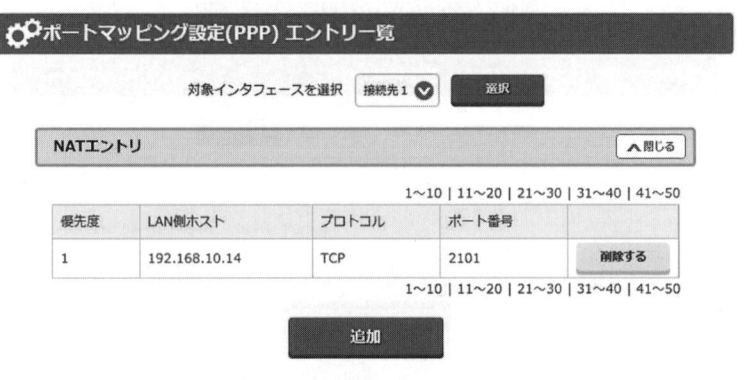

図 6.4　エントリ追加画面

図 6.5　追加されたエントリ一覧画面

トワークで基準局を運用するなどの工夫も有効かと思います。

6.2　Source Table の表示

5章では SNIP の設定を，6.1節ではポートマッピングの設定が終わりまし
たが，ここで，これらの設定がうまくできているかを確認しましょう。

　SNIP を起動している PC や，その PC と同一ネットワークにある PC のウェ
ブブラウザを開きます。つぎに，アドレスバーにローカル IP アドレスとポー
ト番号を入力します。例えば，ローカル IP アドレスが "192.168.10.14"，ポー
トが "2101" の場合はつぎのように入力します。

　　　192.168.10.14:2101

また，外部ネットワークから確認する場合は，グローバル IP アドレスとポー
ト番号を入力します。6.1 節でも登場したグローバル IP アドレスは住所や郵
便番号のようなもので，つぎのウェブサイトなどを開くと，お使いの環境のグ
ローバル IP アドレスを確認することができます。

　・アクセス情報【使用中の IP アドレス確認】/株式会社シーマン

　　　https://www.cman.jp/network/support/go_access.cgi

例えばグローバル IP アドレスが "101.111.121.131" の場合は，つぎのように
入力することになります。

　　　101.111.121.131:2101

入力すると，**図 6.6** のようにブラウザには NTRIP Caster の Source Table が表
示されます。

NTRIP Caster Table Contents, at 192.168.10.14:2101

Below is the current Caster Table for this NTRIP Server.

Because you requested the table using a **browser** (rather then an NTRIP Client) it has been returned to you as an HTML page.

```
SOURCETABLE 200 OK
Server: SubCarrier Systems Corp SNIP simpleNTRIP_Caster_[wLITE]R2.07.00/of:Jan 27 2019
Date: Sat, 20 April 2019 07:19:56 UTC
Content-Type: text/plain
Content-Length: 261

STR;CleanDataF9P;Ebetsu;RTCM 3.3;PENDING;2;GPS+GLO+GAL;SNIP;JPN;43.08;141.53;0;0;sNTRIP;none;B;N;0;;
STR;CleanDataF9PR;Ebetsu;uBlox;;2;GPS+GLO+GAL+QZS;SNIP;JPN;43.08;141.53;0;0;sNTRIP;none;B;N;0;;
```

図 6.6　Source Table

　なお，グローバル IP アドレスは周期的に切り替わる場合があります。その
都度グローバル IP アドレスを調べることになりますが，グローバル IP アドレ
スを「ホスト名・ドメイン名」に対応させる仕組みを利用することで，その手

間を省くことが可能です。これは「ダイナミックドメインネームシステム
（DDNS）」などと呼ばれるもので，無料でサービスを利用できるものも多数あ
ります。著者もこのサービスを利用し，NTRIP Caster の運用のためにドメイ
ンを取得しました。インターネットなどに情報が多数ありますので，そちらを
確認していただければと思います。

6.3　NTRIP Client アプリによる確認

　6.2 節ではウェブブラウザで Source Table を確認しましたが，ここでは実際
にデータを受信してみましょう。データの受信には NTRIP Client アプリケー
ションを利用します。ここでは RTKLIB（http://www.rtklib.com/）の
RTKNAVI を使って確認しました。RTKLIB の使い方や設定の方法については，
国内外の多くの方が情報を発信されていますので，そちらに譲ります。ほかの
クライアントアプリを利用する際も，必要な情報はおおよそ以下のものです。

・基準局のグローバル IP アドレス（またはドメイン名）

・ポート番号

・マウントポイント（メッセージストリーム名）

・ユーザ名

・パスワード

　図 6.7 は著者が開設した基準局データの例です。DDNS を利用し "cleandata-
ntrip.server-on.net" というドメイン名を取得しています。u-blox 社製の ZED-
F9P をベースにした GNSS 受信機を使用し，RTCM 形式に変換した情報
（CleanDataF9P）と，変換前の生データ（CleanDataF9PR）の二つを配信でき
る状態にしています。この二つのデータを RTKNAVI で読み込んでいます。図
では RTK 解析をしていますが，データの受信を確認するためであればマウン
トポイントは一つだけで問題ありません。データの読込みに問題がない場合
は，衛星の種類や番号，受信信号の強度が表示され，時間とともに変化するこ
とが確認できます。

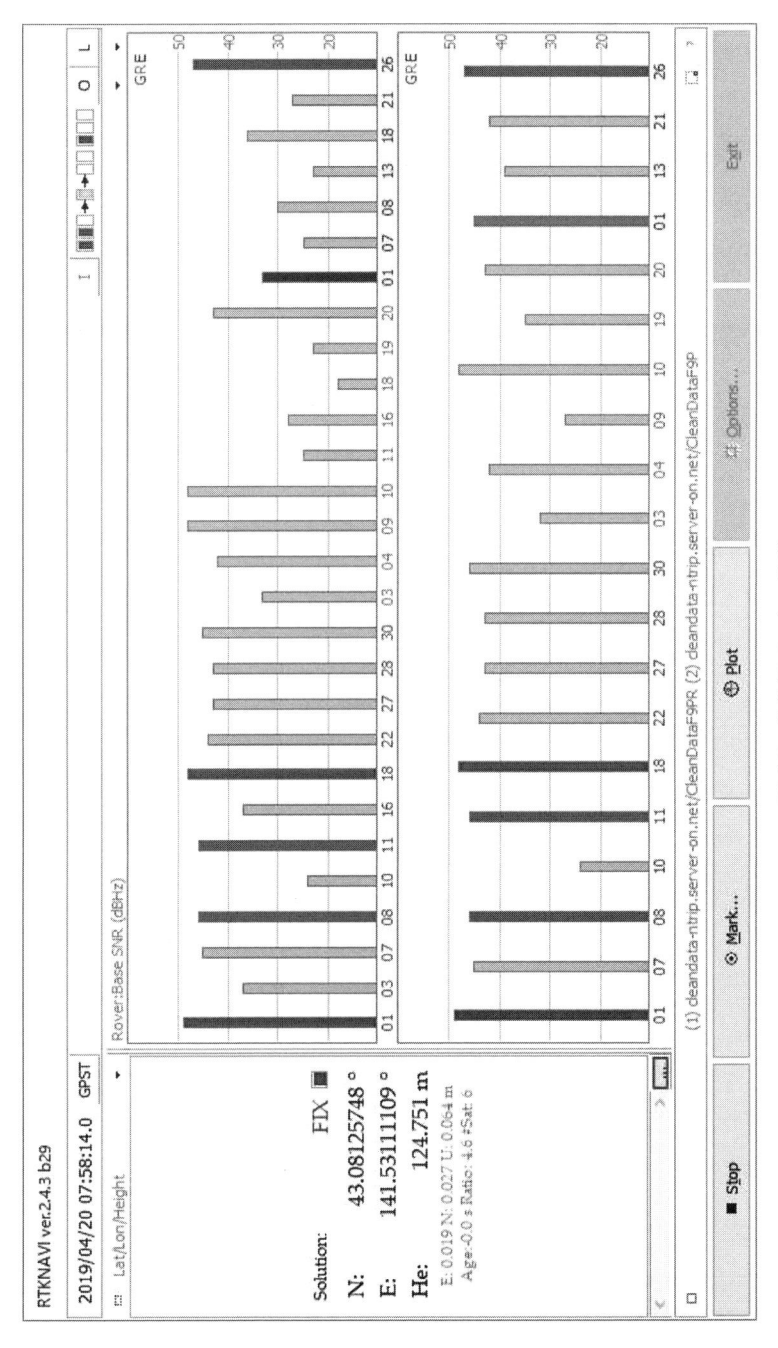

図 6.7 基準局データの確認

7 基準局へのアクセス

本章では，移動局から基準局サーバにアクセスする手順を説明します。

移動局から，モバイルルータあるいは携帯電話のテザリング経由で，基準局情報を受信することにより，NTRIP による RTK 方式での測量が可能になります。NTRIP による RTK の応用例は，8 章で説明します。

基準局サーバにアクセスするには，以下の情報が必要です。

① 基準局 PC の WAN（グローバル IP アドレス）

図 1.2 の場合では“12.34.56.78”がグローバル IP アドレスです。

② 基準局のマウントポイント名，ユーザネームおよびパスワード

マウントポイント名およびパスワードは，SNIP で作成されています。マウントポイント名は，SNIP の“Serial Streams”タブ→“Add New Stream”ボタン→“Serial Stream Configuration”→“Mount Point Configuration”で，ユーザネームおよびパスワードは“Set Up”メニュー→“Edit User Accounts…”で定義されています。

③ 移動局で利用するモバイルルータや携帯の SSID（ネットワーク名とパスワード）

iPhone の場合，ネットワーク名は，設定→一般→情報→名前，パスワードは，設定→インターネット共有→“Wi-Fi”のパスワードで確認できます。

7.1 u-center による GNSS 計測 （NTRIP RTK 方式）

u-center は，"NTRIP Client…" 機能を持っているので NTRIP RTK 方式で測量を行うことができます。基準局設置後，初めての接続では，u-center を使って NTRIP による RTK 方式で測量ができることを確認します。u-center で基準局サーバが正常動作していることを確認してから，Raspberry Pi やコントローラなどで確認します。

移動局と接続した PC（u-center インストール済）を起動後，画面右下の "インターネットアクセス" をクリックし，利用できる Wi-Fi を選びます（図 7.1）。

u-center を起動後，"Receiver" → "NTRIP Client…" をクリックすると，図 7.2 が表示されます。"Address" は，グローバル IP アドレスです。図 1.2

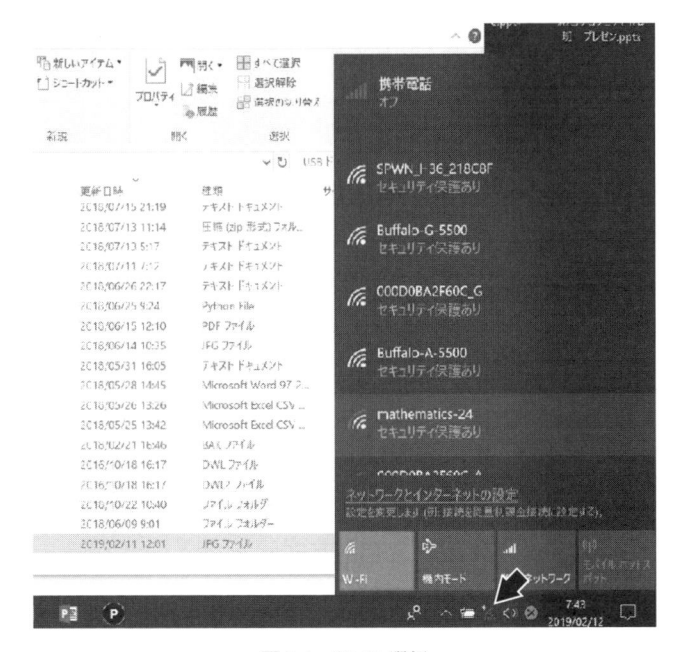

図 7.1　Wi-Fi 選択

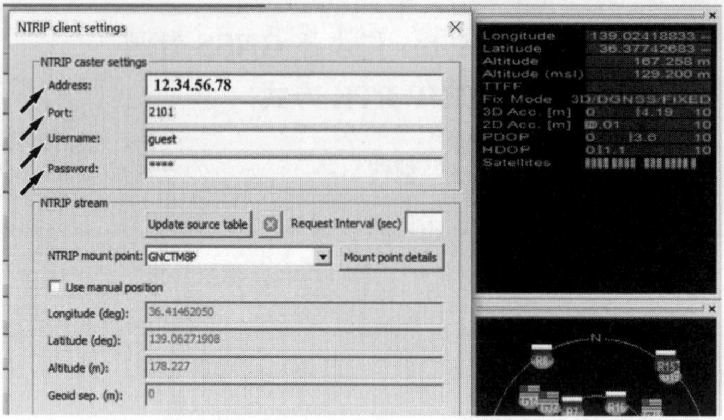

図 7.2 NTRIP client settings

のアドレスを入力します。"Port" は "2101"，"Username" および "Password"
は SNIP で "Serial Streams" を作成したときに定義したものを利用します。

図 7.2 では，"Username" を "guest"，"Password" を "gnct" として入力
します。"Update source table" をクリックすると，"NTRIP mount point" の
リストボックスにマウントポイント名が表示されます。NEO-M8P 受信機用に
設定されたマウントポイントである "GNCTM8P" をクリックします。

図 7.2 の画面右側の "Fix Mode" が "3D/DGNSS/FLOAT" → "3D/DGNSS/
FIXED" と表示されれば，NTRIP RTK 方式による測量の成功です。アンテナ周
囲の状況により "3D/DGNSS/FLOAT" から "3D/DGNSS/FIXED" に移行し
ない場合もあります。その場合は，移動局アンテナを上空がより見える場所に
移動します。

ただし，u-center Version：19.01 では，マウントポイント名に使う英文字を
すべて大文字にしてください。

7.2 Raspberry Pi による GNSS 計測 （NTRIP RTK 方式）

土木現場などで Raspberry Pi を利用して計測を行う場合，ディスプレイ，
キーボード，あるいはマウスは計測作業の邪魔になるため，これらの利用を前

提としたシステムは計測者に嫌がられます。そのため，Raspberry Pi には，HAT（ハット）と呼ばれるこれらを補うパーツが，さまざまなメーカから供給されています。今回は，受信機，Raspberry Pi，表示器およびボタンを一つの箱の中に組み込んだ，NTRIP 専用計測ツールを利用します（**図 7.3**）。問合せ先は 11 章を参照してください。

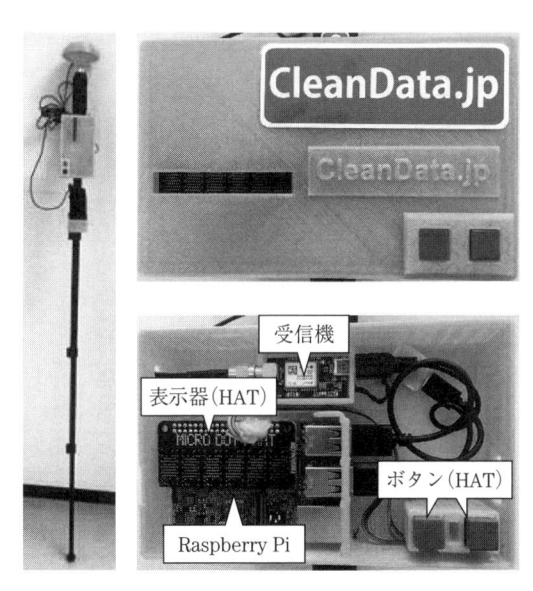

図 7.3　NTRIP 専用計測ツール

8 章の利用例は，この機器を前提として説明します。スクリプトの一部を変更すれば，この機器以外でも利用できます。Raspberry Pi で NTRIP を行うためには，以下の設定を行う必要があります。

① RTKLIB のダウンロードと設定

　　基準局情報の受信および移動局への送信を行うために必要なソフトウェアです。

② 基準局への自動アクセス手順設定

　　グローバル IP アドレス，マウントポイントなどの設定です。

③ 移動局側のモバイルルータやテザリング自動接続設定

移動局側が接続したいモバイルルータや携帯の設定です。

図7.3のツールはキーボードやマウスがないため，計測前に命令（コマンド）を入力することができません。そこで，複数の命令を記述したデータファイルを作り，Raspberry Pi 起動時に，このファイルの中の命令を処理させるような仕組みが必要です。このファイルをシェルスクリプトと呼ばれるファイルで作成すると，Raspberry Pi 起動時に自動で命令を処理します。

RTKLIB をダウンロードするために，Wi-Fi 接続を行います。Raspberry Pi を起動すると，**図7.4**のようにネットワーク接続前の状態が表示されます。クリックすると，Wi-Fi リストが表示されます。ここから接続したい機器を選びます。**図7.5**が表示されたら，パスワードを入力します。ネットワーク接続されると，**図7.6**のように表示されます。

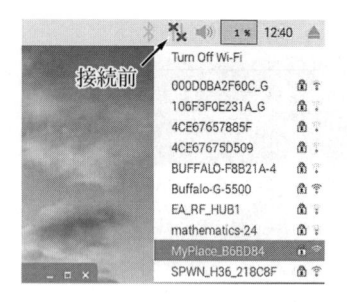

図7.4　Raspberry Pi：Wi-Fi 設定前　　**図7.5**　Raspberry Pi：パスワード入力

図7.6　Raspberry Pi：Wi-Fi 設定後

7.2.1 **RTKLIB** のダウンロードと設定

RTKLIB は，RTK-GPS 測位演算ライブラリ，およびそれを利用したアプリ
ケーションプログラム集です。詳細を知りたい方は

    http://www.rtklib.com/

にアクセスしてください。今回は，ストリーム通信ライブラリを利用します。
このライブラリの変更履歴などのバージョン管理は，git（ギット）と呼ばれ
る仕組みを利用しています。よって，ダウンロードするためには，git を
Raspberry Pi にインストールする必要があります。

"LXTerminal" をクリックします（**図 7.7**）。"LXTerminal" 上で，以下を行
います。ダウンロード前に Raspberry Pi の OS を最新にアップデートします。

図 7.7　Raspberry Pi：LXTerminal 起動

① $ sudo apt-get update

② $ sudo apt-get upgrade

③ git をインストール　$ sudo apt-get install -y git（**図 7.8**）

④ git のバージョン確認　$ sudo git --version

    git version 2.11.0（数値は異なる場合があります）

⑤ 新規フォルダ ".ssh" を作成

    ファイルフォルダを選んだ後，右クリックし，"新規作成" → "フォ
ルダ" をクリックします（**図 7.9**）。**図 7.10** が表示されたら，".ssh" を

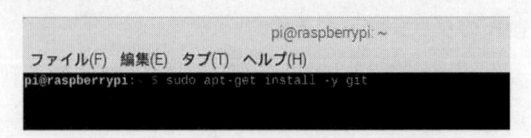

図7.8 Raspberry Pi：git インストール

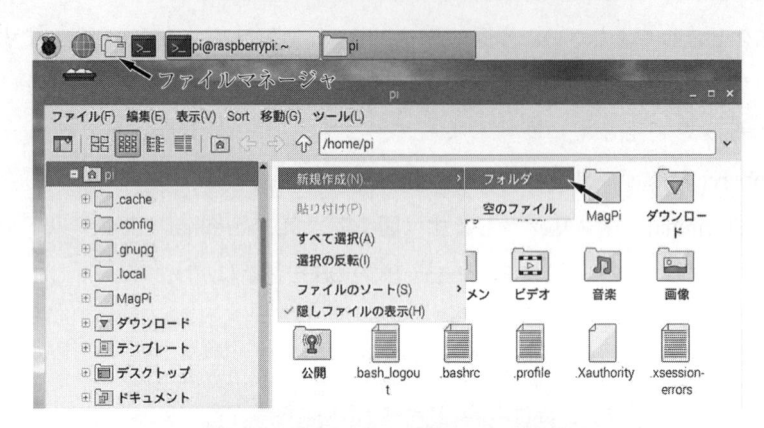

図7.9 Raspberry Pi：新規フォルダ作成

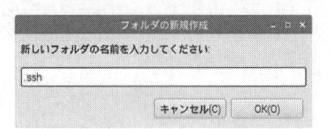

図7.10 Raspberry Pi：".ssh" フォルダ作成

入力します。図7.9の "表示" メニューで，"隠しファイルを表示する"
をクリックすると，".ssh" フォルダが表示されます。

⑥ ".ssh" に移動 $ cd /home/pi/.ssh

⑦ 利用するためのカギを生成　$ ssh-keygen

"Enter file in which to save the key (/home/pi/.ssh/id_rsa):" と表示さ
れたら，そのまま [Enter] を押します。

"Enter passphrase (empty for no passphrase):" と表示されたら，その
まま [Enter] を押し，さらに "Enter same passphrase again:" と表示さ
れたら，そのまま [Enter] を押します。最後にカギの id が表示されます
が，これを記録する必要はありません。

⑧ カギの内容の表示 $ cat id_rsa.pub

　表示されたデータをあとで，コピー＆ペーストします。

⑨ Raspberry Pi のメニューから "Web Browser" をクリックし，https://
github.com を起動

　サインイン，あるいはサインアップによってログインします。ログイ
ンできたら，図 7.11 のように，"Settings" をクリックします。図 7.12
が表示されたら，"SSH and GPG keys" をクリックします。

⑩ "New SSH keys" を選ぶ（図 7.13）

　"Title" に決まりはないので "Raspberry Pi" と入力します。"Key"
には，⑧ で表示されたカギのデータをペーストします。データの始まり

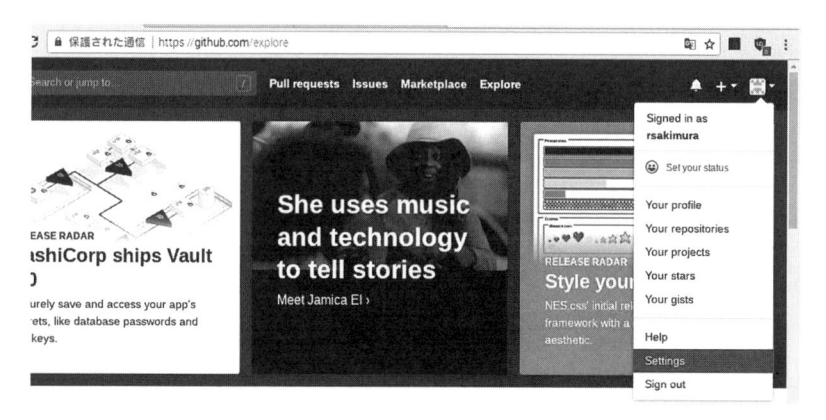

図 7.11　Raspberry Pi：GitHub サインイン

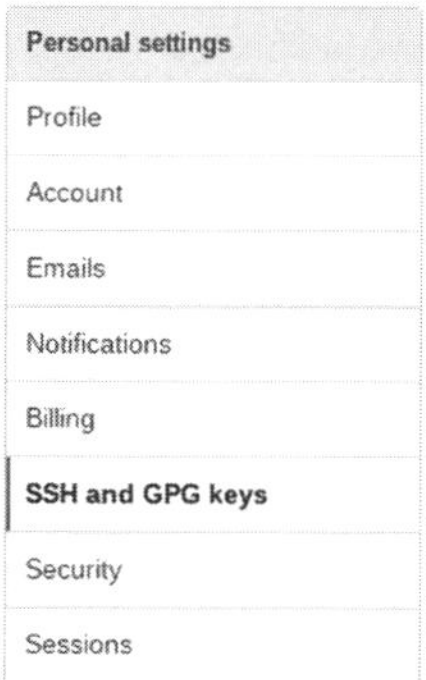

図 7.12　GitHub：SSH and GPG keys

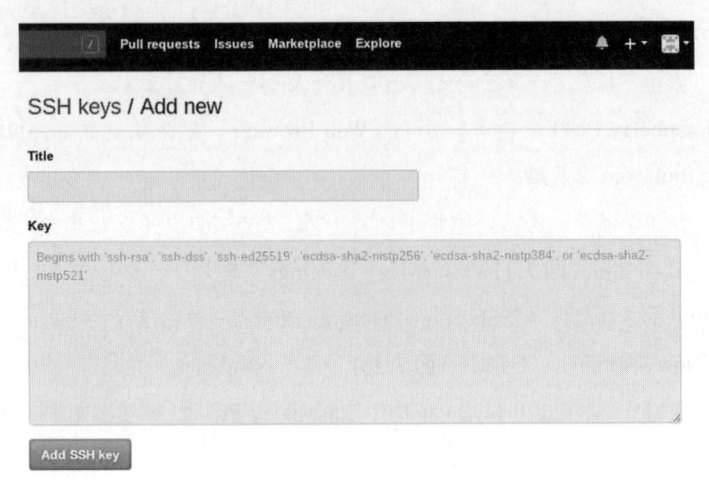

図 7.13　GitHub：New SSH keys

は"ssh-rsa"，終わりは"pi@raspberrypi"になっていることを確認して
コピー & ペーストします。"Add SSH key"をクリックしてください。し
ばらくすると，"Confirm password to continue"と表示されるので，サ
イン時と同じものを入れてください。新たに追加された SSH key が表
示されます（**図 7.14**）。その後，登録したメールアドレスに，GitHub の
SSH key が含まれたメールがきます。

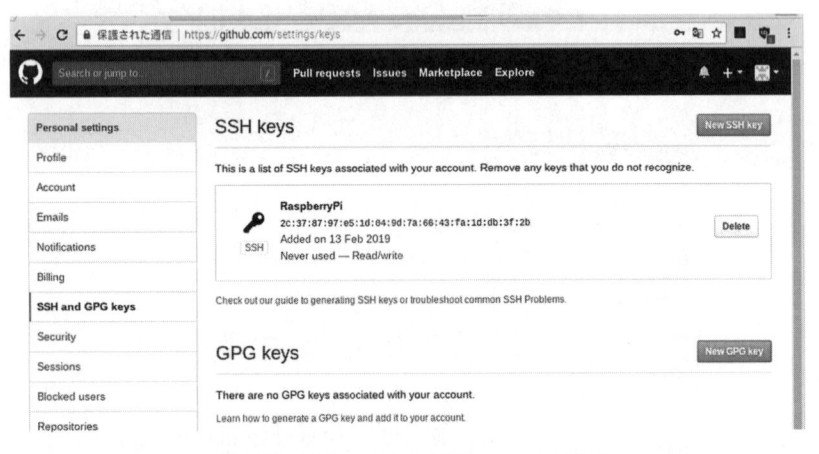

図 7.14　GitHub：New SSH keys was added

⑪ RTKLIB ダウンロード

　　git を利用してダウンロードします．図 7.7 の画面上で，以下の命令を発行してダウンロードします．

　　まず，/home/pi に戻るため，$　cd　.. を入力し，"pi@raspberrypi: $" に戻します．つぎに以下の命令を入力すると，ダウンロードを開始します．

```
$ git clone https://github.com/tomojitakasu/RTKLIB.git
```

ダウンロードが完了したら，図 7.9 のファイルマネージャを起動します．/home/pi の中に，新たに RTKLIB フォルダが追加されていることを確認できたら，RTKLIB のダウンロードは完了です．

つぎに，ダウンロードしたファイルを実行形式に変換します．図 7.7 で，RTKLIB の場所に移動するため以下の命令を入力します．

```
$ cd /home/pi/RTKLIB/app
```

表示が，"pi@raspberrypi:$" から "pi@raspberrypi:˜ /RTKLIB/app $" に変わったら，以下の二つのコマンドを入力します．

```
$ chmod 755 makeall.sh
$ ./makeall.sh
```

変換作業が自動で始まり，約 10 分程度で完了します．完了後，表示を "pi@raspberrypi:˜ /RTKLIB/app $" から "pi@raspberrypi:$" に戻すため，以下の二つのコマンドを入力します．

```
$ cd ..
$ cd ..
```

実行形式のファイルができたことを確認するため，以下の命令を入力します．

```
$ RTKLIB/app/str2str/gcc/str2str
```

以下のデータが表示されたら RTKLIB が稼働しているので，RTKLIB に関す

る作業は完了です。

```
Stream server start
2019/02/13 23:15:35 [cc---]  0 B 0 bbs
```

7.2.2　基準局への自動アクセス手順設定

Raspberry Pi 起動後，自動で基準局へアクセスするため，systemd と呼ばれる仕組みを利用します。Raspberry Pi は，起動時に service ファイル内の命令を実行する仕組みなので，基準局の自動アクセスは service ファイルを利用して行います。service ファイル内の命令は，シェルスクリプトと呼ばれる sh ファイルの中に記述します。

service ファイルと sh ファイルの二つを作成します。ファイル名は，RTCM01.service および RTCM01.sh とします。RTCM01.sh は，/home/pi/SSH の中に存在させる必要があります。そのため，図 7.9 のように，新規作成でフォルダ：SSH をあらかじめ作成しておきます。

最初に "RTCM01.sh" を作成します。図 7.7 の LXTerminal を起動して，編集画面（エディタ）を表示するため，以下の命令を入力します。

```
$ sudo nano /home/pi/SSH/RTCM01.sh
```

図 7.15 の編集画面が表示されるので，以下の命令を入力してください。途

図 7.15　RTCM01.sh シェルスクリプトファイル作成

中で [Enter] を押さずに入力します。

```
#!/bin/sh                              [Enter] を押さない

/home/pi/RTKLIB/app/str2str/gcc/str2str -in
ntrip://guest:gnct@12.34.56.78:2101/GNCTM8P#rtcm3 -out
serial://ttyUSB0:115200
```

コマンドの意味は以下のとおりです。

・GNCTM8P：アクセスしたい基準局のマウントポイント名

・guest：ユーザ名

・gnct：パスワード

・12.34.56.78：基準局のグローバル IP アドレス

・2101：ポートマッピング番号

です。[Ctrl] + [x] で終了（記録）します。

つぎに RTCM01.service を作成します。図 7.7 の LXTerminal を起動して，エディタを表示するため，以下の命令を入力します。

```
$ sudo nano /etc/systemd/system/RTCM01.service
```

エディタ上で，以下の命令を**図 7.16** のように入力します。[Ctrl] + [x] で，終了（記録）します。

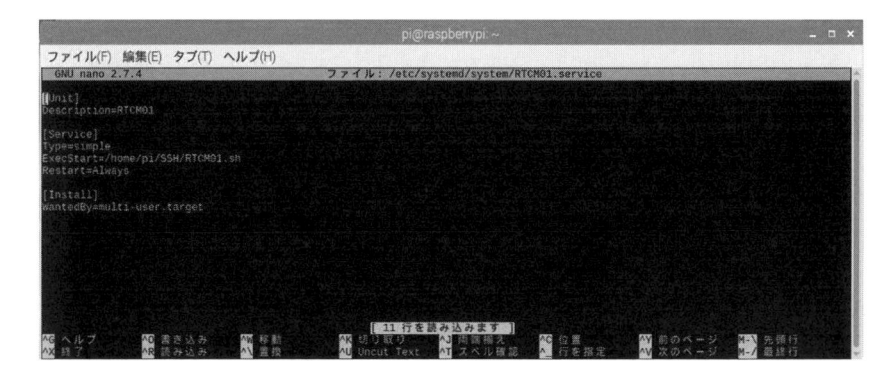

図 7.16　RTCM01.service サービスファイル作成

```
[Unit]
Description=RTCM01

[Service]
Type=simple
ExecStart=/home/pi/SSH/RTCM01.sh
Restart=Always

[Install]
WantedBy=multi-user.target
```

7.2.3 移動局側のモバイルルータやテザリングの自動接続設定

計測現場では，複数の Wi-Fi が稼働している可能性があります。そこで，接続したいモバイルルータ，あるいは携帯テザリングの設定をする必要があります。Raspberry Pi を起動する前に，ルータやテザリングへ接続できる状態にしておきます。

図 7.7 の LXTerminal を起動して以下の命令を入力し，エディタを開きます。

```
$ sudo nano /etc/wpa_supplicant/wpa_supplicant.conf
```

携帯電話のテザリングとモバイルルータのどちらかを計測現場で接続したい場合，両方の ssid と psk を入手します（**表 7.1**）。

編集画面が表示されるので，以下の命令を入力してください。入力後は，**図 7.17** のようになります。[Ctrl] + [x] で，終了（記録）します。

表 7.1　自動接続に必要な情報

	携帯電話のテザリング	モバイルルータ
ssid	"GNCT-1"	"GNCT-1000"
psk（パスワード）	"gunma"	"maebashi"

```
network{
        ssid="GNCT-1"
        psk="gunma"
        key_mgmt=WPA_PSK
}

network{
        ssid="GNCT-1000"
        psk="maebashi"
        key_mgmt=WPA_PSK
}
```

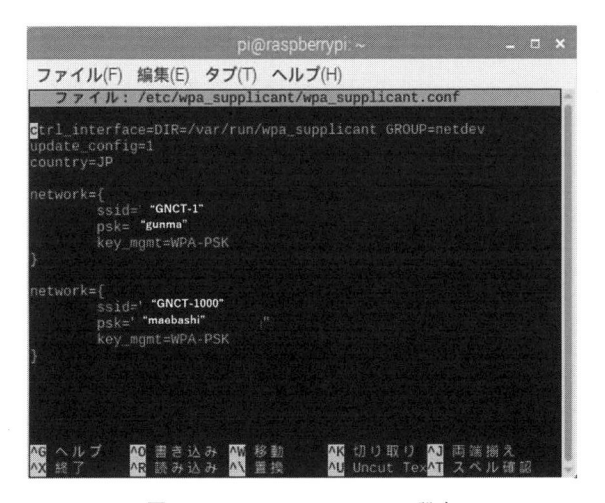

図 7.17　wpa_supplicant.conf 設定

　どちらも接続可能のときは，最初に入力した GNCT-1 から接続を行います。以上で，NTRIP による RTK 方式での測量の準備が整いました。

　8 章では，Raspberry Pi を利用して RTK 方式の測量を行うスクリプトを実際に作成します。スクリプトは Python を利用します。

測量への利用例
― Raspberry Pi 3 と Python を ―
用いたスクリプト例

本章では，Raspberry Pi を利用して RTK 方式での測量を行うスクリプトを実際に作成します。スクリプトは Python を利用します。

例えば土木工事では，施工前と施工後の 2 回に分けて現況地形を計測し，その差分を工事量として提出します。この現況地形計測を，設置した基準点，1 周波 RTK および Raspberry Pi の組合せで行うシステムを構築します。

8.1　システムの概要

今回の例では，現地で NTRIP 専用計測ツールを使用した計測を行い，その結果を Google Earth Pro 上に表示させます。システムの概要は以下のとおりです。

- ・スクリプトは Python
- ・現場で使用するものは NTRIP 専用計測ツールのみ
- ・Raspberry Pi の電源を入れた後，自動で NTRIP サービスに接続
- ・表示器に標高とステータス（Fix，Float，単独測位）を交互に表示
- ・ボタンを押した後，緯度・経度，標高を CSV 形式で USB メモリに保存
- ・計測終了後，ボタンを二つ同時に押して電源を落とす
- ・Google Earth Pro で CSV データをインポートすると計測点が表示

8.2 ス ク リ プ ト

スクリプトは，メインループ，GGA データ取得ループ（サブプロセス），ボタン操作待機ループ（サブプロセス）の 3 部構成になっています。

```
#------------------------------------------------
#   Script of Importing LLH to Google Earth Pro
#   Version : 1.00
#   Release : May 1st,2019
#   Authors : Shoko Ohashi, Issei Han-ya
#   Copyright 2019-2024 xxxx Inc and CleanData Ltd
#------------------------------------------------

import microdotphat as mdp
import RPi.GPIO as GPIO
import subprocess
import time
from multiprocessing import Process,Queue
WHITE_BUTTON = 0
GREEN_BUTTON = 1
BOTH_BUTTON = 2

#-------------------
#   GPIO Assignment
#-------------------
GPIO.setmode(GPIO.BCM)
Button_White = 5
Button_Green = 13
Max_ButtonCount = 10
GPIO.setup(Button_White,GPIO.IN,pull_up_down=GPIO.PUD_UP)
GPIO.setup(Button_Green,GPIO.IN,pull_up_down=GPIO.PUD_UP)

#-------------------------
```

```
#  CLASS: GGA Data Logging
#---------------------------
class GGA_Comm:
    import serial
    oneline = ""
    IsOpen = False
    #---------------
    #  Constructor
    #---------------
    def __init__(self,portNum):
        self.comms = self.serial.Serial(
            port = portNum,¥
            baudrate = 115200,¥
            parity = self.serial.PARITY_NONE,
            stopbits = self.serial.STOPBITS_ONE,
            bytesize = self.serial.EIGHTBITS,¥
            timeout=1 )
        if(self.comms.isOpen() == True):
            self.IsOpen = True
    #---------------
    #  Close Comms
    #---------------
    def Close(self):
        if(self.IsOpen == True):
            self.comms.close()
    #----------------
    #  Read one line
    #----------------
    def GetOneLine(self):
        if(self.IsOpen == True):
            self.oneline = self.comms.readline()


#-------------------------------
#  CLASS: Show Data on the HAT
```

```
#------------------------------
class Show_Menu:
    #------------------------------
    #  Show Full Screen w/ 1 second
    #------------------------------
    def ShowFull(self):
        mdp.clear()
        mdp.fill(1)
        mdp.show()
        time.sleep(1)
    #------------------
    #  Show Menu Items
    #------------------
    def ShowMenuItems(self,spri,fixmode):
        if (fixmode == False):
            mdp.clear()
            mdp.write_string(spri,kerning = False)
            mdp.show()
        else:
            mdp.clear()
            mdp.write_string(fixmode,kerning = False)
            mdp.show()
            time.sleep(0.4)
            mdp.clear()
            mdp.write_string(spri,kerning = False)
            mdp.show()
    #------------
    #  Show End
    #------------
    def ShowEnd(self,spri):
        mdp.clear()
        mdp.write_string(spri,kerning = False)
        mdp.show()
        time.sleep(1)
```

```python
    #--------------------
    #  Clear Menu Items
    #--------------------
    def ClearMenu(self):
        mdp.clear()
        mdp.show()
        time.sleep(0.1)


#---------------------------------------
#  Show GGA Elevation and Status Data
#---------------------------------------
def ShowGGAElevData(menu,GGA,ant_ht):
    Elv = float(GGA[9]) + float(GGA[11]) - ant_ht
    stat = float(GGA[6])
    if (stat == 4):
        status = 'Fix'
    elif (stat == 5):
        status = 'Float'
    else:
        status = 'xx'

    msg1 = '%0.3f' % (Elv)
    msg2 = '%s' % (status)
    menu.ShowMenuItems(msg1,msg2)


#---------------------------------------
#  Write XYH data with average 10 times
#---------------------------------------
def WriteXYHwithAverage(menu,GGA,rec_count,ant_
ht,WriteGoogle):
    RECMAX = 10
    global sum_lat,sum_lon,sum_elev

    if(rec_count < RECMAX):
```

```
        msg = '_%0d_' % (rec_count)
        menu.ShowMenuItems(msg,False)

    if(rec_count == 1):
        sum_lat = 0.0
        sum_lon = 0.0
        sum_elev = 0.0

    lat = dddmm2ddd(float(GGA[2]))
    lon = dddmm2ddd(float(GGA[4]))
    Elv = float(GGA[9]) - ant_ht
    sum_lat += lat
    sum_lon += lon
    sum_elev += Elv

    if(rec_count >= RECMAX):
        lat = sum_lat / RECMAX
        lon = sum_lon / RECMAX
        elv = sum_elev / RECMAX
        msg = '%f,%f,%f¥n' % (lat,lon,Elv)
        WriteGoogle.WriteDat(msg)
        msg = 'REC OK'
        menu.ShowMenuItems(msg,False)
        return False
    else:
        return True


#---------------------------------------------
#  Data Exchange dddmm.mmmm to ddd.dddddd deg
#---------------------------------------------
def dddmm2ddd(data):
    import math
    data_deg = math.floor(data/100.0)
    data_min = data - data_deg*100.0
```

```python
    ddd = data_deg + data_min/60.0
    return ddd


#------------------------------------------------
#  CLASS: Write CSV Data for Google Earth Pro
#------------------------------------------------
class WriteData:
    import os.path
    pathPUBXfile = ''
    fullPathName = ''
    extname = ""
    offs = 0
    #---------------
    #  Constructor
    #---------------
    def __init__(self,filepath,offset,exten):
        self.pathPUBXfile = filepath
        self.extname = exten
        self.offs = offset
    #----------------------------
    #  Is Make filename existing
    #----------------------------
    def MakeFileName(self):
        fileNO = self.offs
        while True:
            fileNO += 1
            self.fullPathName = self.pathPUBXfile +
str(fileNO) + self.extname
            if self.os.path.exists(self.fullPathName):
                continue
            else:
                break


    #----------------------------
```

```python
    #   Write XYH w/ Open & Close
    #----------------------------
    def WriteDat(self,dat):
        f = open(self.fullPathName,'a')
        f.write(dat)
        f.close()


    #---------------------------
    #   Read XYH w/ Open & Close
    #---------------------------
    def ReadXY(self,ListArea):
        if self.os.path.exists(self.fullPathName):
            f = open(self.fullPathName,"r")
            count = 0
            while True:
                dat = f.readline()
                if not dat:
                    break
                sdat = dat.split(",")
                ListArea.append([])
                ListArea[count].append([sdat[0],sdat[1]])
                count += 1
            f.close()


#-----------------
#   try USB Mount
#-----------------
def TryUSBMount(menu,USBpath):
    subprocess.call(['sudo','umount',USBpath])
    try:
        subprocess.check_call(['sudo','mount','/dev/
sda1',USBpath])
    except subprocess.CalledProcessError:
        ShowClosing(menu,'USB!!!')
```

```python
        time.sleep(0.5)
        import os
        subprocess.call(['sudo','halt'])


#-------------------
#  Create CSV File
#-------------------
def MakeDataFilesName(WriteGoogle):
    WriteGoogle.MakeFileName()


#----------------
#  Show Closing
#----------------
def ShowClosing(menu,msg):
    menu.ShowFull()
    time.sleep(0.5)
    for i in range(3):
        menu.ShowEnd(msg)
    menu.ClearMenu()


#-------------------------------
#  Sub-Process for Logging NMEA
#-------------------------------
def GGAInterrupting(toMain):
    IsFirst = True
    count = 0
    MAX_PUT = 0

    while True:
        if(IsFirst == True):
            GGA = GGA_Comm('/dev/ttyACM0')
            IsFirst = False
        else:
            GGA.GetOneLine()
```

```python
            if(count >= MAX_PUT):
                d = GGA.oneline
                strdat = d.decode(encoding='UTF-8')
                dat = strdat.split(',')
                if(dat[0] =='$GNGGA' and dat[5] == 'E'):
                    toMain.put(dat)
                count = 0
            else:
                count += 1


#------------------------------------
#  Sub-Process for Button Interrupt
#------------------------------------
def ButtonInterrupting(toParent):
    white_count = green_count = wg_count = 0
    while True:
        time.sleep(0.01)
        white_status = GPIO.input(Button_White)
        green_status = GPIO.input(Button_Green)

        if(white_status == 0 and green_status > 0):
            white_count += 1
            green_count = wg_count = 0
        elif(green_status == 0 and white_status > 0):
            green_count += 1
            white_count = wg_count = 0
        elif(white_status == 0 and green_status == 0):
            wg_count += 1
            white_count = green_count = 0
        else:
            white_count = green_count = wg_count = 0
            continue

        if(white_count >= Max_ButtonCount and green_count
```

```
== 0 and wg_count == 0):
            time.sleep(0.1)
            toParent.put(WHITE_BUTTON)
            white_count = 0
        elif(white_count == 0 and green_count >=
Max_ButtonCount and wg_count == 0):
            green_count = 0
            time.sleep(0.1)
            toParent.put(GREEN_BUTTON)
            white_count = green_count = wg_count = 0
        elif(white_count == 0 and green_count == 0 and wg_
count >= Max_ButtonCount):
            time.sleep(0.1)
            toParent.put(BOTH_BUTTON)
            wg_count = 0


#---------------
#  Main Script
#---------------
def main():
    menu = Show_Menu()
    menu.ShowFull()
    GoogleOffs = 1000
    USBpath = '/media/pi/Data'
    TryUSBMount(menu,USBpath)
    WriteGoogle = WriteData(USBpath,GoogleOffs,'.csv')
    MakeDataFilesName(WriteGoogle)
    WriteGoogle.WriteDat('LAT,LON,ELEV¥n')


    #----------------------
    #  create Sub-process
    #----------------------
    fromGGA = Queue()
    fromMainButton = Queue()
```

```python
    psGGA = Process(target = GGAInterrupting, args =
(fromGGA,))
    psButton = Process(target = ButtonInterrupting, args =
(fromMainButton,))
    psGGA.start()
    psButton.start()


    #----------------------------
    #  Initialize geometirc data
    #----------------------------
    IsRecordingMode = False
    rec_count = 0
    ant_ht = 1.723


    #------------------
    #  Main Loop
    #------------------
    while True:
        #-------------------------
        #  GGA Data is coming....
        #-------------------------
        GGA = fromGGA.get()
        if(IsRecordingMode == True):
            rec_count += 1
            IsRecordingMode
WriteXYHwithAverage(menu,GGA,rec_count,ant_ht,WriteGoogle)
            if(IsRecordingMode == False):
                rec_count = 0
        else:
            ShowGGAElevData(menu,GGA,ant_ht)


        #-------------------
        #  Button is pushed
        #-------------------
```

```
        if(fromMainButton.empty() == False):
            btn = fromMainButton.get()
            if(btn == BOTH_BUTTON):
                ShowClosing(menu,'END...')
                break
            if(btn == WHITE_BUTTON):
                IsRecordingMode = True
            elif(btn == GREEN_BUTTON):
                pass

    psGGA.terminate()
    psButton.terminate()
    time.sleep(0.5)
    subprocess.call(['sudo','halt'])

if __name__ == "__main__":
    main()
```

8.2.1　メインスクリプトの解説

① 表示器を全灯し，正常に表示されるか確認します。

② "/media/pi/Data" に USB メモリをマウントします。USB メモリが差さっていない場合は "USB!!!" と表示された後シャットダウンします。

③ 1001.csv を USB メモリ内に作成します。すでにファイルがある場合は 1002，1003，…と連番で増えていきます。一番大きな数字が最新のファイルです。

④ 作成した CSV ファイルにヘッダー "LAT,LON,ELEV¥n" を書き込みます。

```
def main():
    menu = Show_Menu()
    menu.ShowFull()
    USBpath = '/media/pi/Data'
    TryUSBMount(menu,USBpath)
```

```
GoogleOffs = 1000
WriteGoogle = WriteData(USBpath,GoogleOffs,'.csv')
MakeDataFilesName(WriteGoogle)
WriteGoogle.WriteDat('LAT,LON,ELEV¥n')
```

⑤ サブプロセスを作成し，プロセスを開始します。

　　"psGGA" は受信した NMEA データの中から $GNGGA センテンスを選択しメインプロセスに渡します。$GNGGA からは緯度・経度，標高や測位モード（単独測位，RTK 方式など）などがわかります。

　　"psButton" はボタンが押された場合にその操作をメインプロセスに渡します。

```
fromGGA = Queue()
fromMainButton = Queue()
psGGA = Process(target = GGAInterrupting, args =
(fromGGA,))
psButton = Process(target = ButtonInterrupting, args =
(fromMainButton,))
psGGA.start()
psButton.start()
```

⑥ 各種データの初期値を設定します。ant_ht は一脚ポールの石突き部分からアンテナ底面までの高さで，単位はメートルです。

```
IsRecordingMode = False
rec_count = 0
ant_ht = 1.723
```

⑦ メインループです。サブプロセス psGGA から GGA データを受け取り，記録モードでないときは表示器に標高とステータスを表示させます。

　　ボタンが二つ同時に押されたら "END..." を表示しループから抜けます。緑ボタンが押されたら記録モードに移ります。

　　白ボタンが押された場合の処理は書いていませんが，pass 部分を書き

換えると白ボタンの処理になります。

```python
while True:
        #--------------------------
        #  GGA Data is coming....
        #--------------------------
        GGA = fromGGA.get()
        if(IsRecordingMode == True):
            rec_count += 1
            IsRecordingMode
WriteXYHwithAverage(menu,GGA,rec_count,ant_ht,WriteGoogle)
            if(IsRecordingMode == False):
                rec_count = 0
        else:
            ShowGGAElevData(menu,GGA,ant_ht)


        #-------------------
        #  Button is pushed
        #-------------------
        if(fromMainButton.empty() == False):
            btn = fromMainButton.get()
            if(btn == BOTH_BUTTON):
                ShowClosing(menu,'END...')
                break
            if(btn == WHITE_BUTTON):
                IsRecordingMode = True
            elif(btn == GREEN_BUTTON):
                pass
```

8.2.2 標高とステータスの表示

GGA から標高とステータスを取得し，表示器に表示させる関数です。

```python
def ShowGGAElevData(menu,GGA,ant_ht):
    Elv = float(GGA[9]) - ant_ht
```

```
stat = float(GGA[6])
if (stat == 4):
    status = 'Fix'
elif (stat == 5):
    status = 'Float'
else:
    status = 'xx'

msg1 = '%0.3f' % (Elv)
msg2 = '%s' % (status)
menu.ShowMenuItems(msg1,msg2)
```

8.2.3　座標の 10 回平均

緯度，経度，標高を 10 回取得してその平均を取る関数です。

```
def WriteXYHwithAverage(menu,GGA,rec_count,ant_
ht,WriteGoogle):
    RECMAX = 10
    global sum_lat,sum_lon,sum_elev

    if(rec_count < RECMAX):
        msg = '_%0d_' % (rec_count)
        menu.ShowMenuItems(msg,False)

    if(rec_count == 1):
        sum_lat = 0.0
        sum_lon = 0.0
        sum_elev = 0.0

    lat = dddmm2ddd(float(GGA[2]))
    lon = dddmm2ddd(float(GGA[4]))
    Elv = float(GGA[9]) - ant_ht
    sum_lat += lat
    sum_lon += lon
```

```
    sum_elev += Elv

    if(rec_count >= RECMAX):
        lat = sum_lat / RECMAX
        lon = sum_lon / RECMAX
        elv = sum_elev / RECMAX
        msg = '%f,%f,%f¥n' % (lat,lon,Elv)
        WriteGoogle.WriteDat(msg)
        msg = 'REC OK'
        menu.ShowMenuItems(msg,False)
        return False
    else:
        return True
```

8.2.4　度分秒から度に変換

GGA の緯度・経度は ddmm.mmmm なので ddd.dddd に変換する関数です。

```
def dddmm2ddd(data):
    import math
    data_deg = math.floor(data/100.0)
    data_min = data - data_deg*100.0
    ddd = data_deg + data_min/60.0
    return ddd
```

8.3　スクリプトの自動実行

　工事現場で測量を行う場合，命令（コマンド）を入力するためにモニタやマウス，キーボードを持ち込むのは現実的ではありません。そこで，電源を入れただけでスクリプトを自動実行するように設定します。自動実行の方法はいくつかありますが，ここでは autostart を使用します。

　① ターミナルで以下を入力し，autostart の設定を開きます。

```
$ sudo nano /etc/xdg/lssession/LXDE-pi/autostart
```

② 先頭に以下の行を追加します（図8.1）。

```
@lxterminal -e /usr/bin/sudo /usr/bin/python /home/pi/
Python/ImportLLHtoGEP.py
```

図8.1 autostart の設定

③ [Ctrl] + [x] で，終了（記録）します。

④ $ sudo reboot を入力し再起動します。

⑤ 再起動後，ImportLLHtoGEP.py が自動で実行されたら成功です（図 8.2）。

図8.2 自動実行画面

8.4　RTK　方　式

実際に屋外で RTK 方式での測量を行います。携帯するものは NTRIP 専用計測ツール，モバイルバッテリ，7 章で接続設定したモバイルルータあるいは携帯電話です。

NTRIP 専用計測ツールに USB メモリが差し込まれているのを確認してから，モバイルバッテリの電源コードをつなぎます。約 50 秒で表示器にステータスと標高が交互に表示されるようになります。計測したい位置に一脚を鉛直に立て，緑ボタン（表示器に近い側のボタン）を 1 回押します。そうすると "_1_"，"_2_"，…，"_9_" までカウントされ，"REC OK" と表示されたら平均座標が USB メモリに記録されます。再び標高とステータスが交互に表示されるので，計測を繰り返します。計測終了後，二つのボタンを同時に押すと "END..." が表示され，Raspberry Pi がシャットダウンします。

8.5　Google Earth Pro に表示

計測が終了すると，USB メモリ内に 1 000 番台の名前で CSV ファイルが作成されています。ファイルの中には**図 8.3** のように 1 行目に LAT，LON，ELEV があり，2 行目以降に計測した点の緯度・経度および標高が記録されて

	A	B	C
1	LAT	LON	ELEV
2	36.37636	139.0232	116.757
3	36.37633	139.0228	116.775
4	36.37629	139.0225	116.766
5	36.37614	139.0222	116.756
6	36.37589	139.0223	116.781
7	36.37585	139.0226	116.787
8	36.37588	139.023	116.774
9	36.37592	139.0233	116.783
10	36.3761	139.0235	116.756
11	36.37632	139.0234	116.781

図 8.3　CSV ファイルの中身

います。これを Google Earth Pro にインポートし，地図上に表示させてみましょう。

8.5.1　Google Earth Pro を起動

まずは Google Earth Pro を起動させます。インストールされていない場合は以下の URL からダウンロードできます。

https://www.google.com/earth/download/gep/agree.html

8.5.2　CSV ファイルをインポート

メニューバーの "ファイル" → "インポート" で，CSV ファイルを選びます（**図 8.4**）。"開く" をクリックすると "データのインポートウィザード" が表示されるので（**図 8.5**），そのまま右下の "完了" ボタンをクリックします。「取得したアイテムにスタイル テンプレートを適用しますか?」と聞かれますが，"いいえ" をクリックすると，地図が自動的に計測点付近にズームします。サイドバーの "保留" の中にインポートしたデータが表示されているので，チェックボックス（**図 8.6**）にチェックを入れると，地図上に計測点が表示されます（**図 8.7**）。

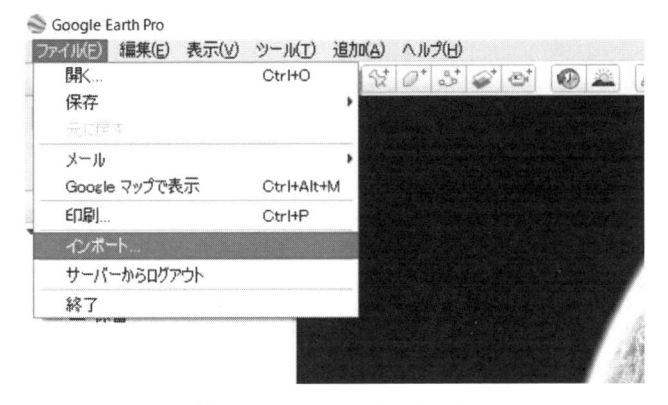

図 8.4　ファイルのインポート

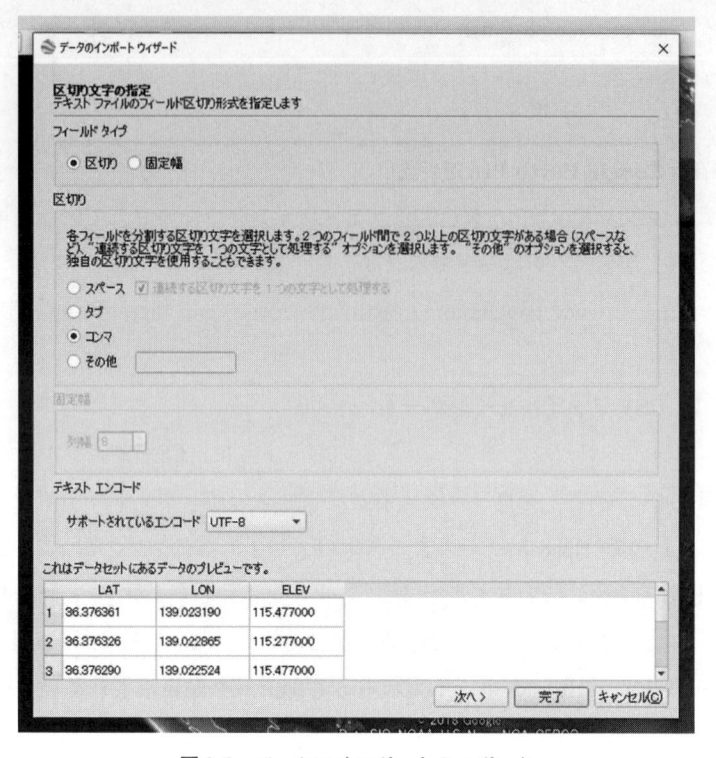

図 8.5　データのインポートウィザード

図 8.6　チェックボックス

図 8.7　Google Earth Pro 上で計測点の表示

9 低コストロボットへの利用例

本書で紹介している u-blox 社製 GNSS 受信機をはじめとした低コスト GNSS 受信機の活用方法について，近年さまざまなところで試験・研究が行われています。また，Raspberry Pi 専用アドオンボードに代表される，安価な姿勢角・方位角センサが利用できるようになり，低コスト自動走行・自律走行ロボットを構築できる環境が整いつつあります。ここでは，低コスト GNSS 受信機を利用したロボット田植機の開発事例や，Raspberry Pi による開発のヒントについて紹介します。

9.1 農業分野での利用例

本節では農業分野での取組みの一部について紹介します。図 9.1 は 2018 年 5 月 22 日，北海道南幌町で行われたロボット田植機による移植試験風景です。

図 9.1 ロボット田植機（2018/5/22 著者撮影）

これは，国立研究開発法人 農業・食品産業技術総合研究機構 生物系特定産業技術研究支援センターを委託元とした革新的技術開発・緊急展開事業経営体強化プロジェクトの課題「栽培・作業・情報技術の融合と高収益作物の導入による寒地大規模水田営農基盤の強化」の中で，北海道大学大学院農学研究院ビークルロボティクス研究室（野口 伸 教授）と株式会社クボタなどを中心としたグループにより研究・開発されたものです。

　北海道大学ではロボットトラクタをはじめとした，GNSS を利用した自動走行・自律走行車両の研究・開発が行われていますが，その技術を田植機に応用したものといえます。ロボットトラクタに限らず，さまざまな機関で研究・開発がなされている自動・自律走行システムには，多周波 GNSS が航法センサとしておもに利用されています。一般に RTK 方式の環境構築にかかる費用は高価であり，技術普及のためには機器の低価格化が望まれています。ロボット田植機によるこの試験においても，低コスト GNSS 受信機の持つ性能が田植機の制御に要求される精度を持ちあわせているかを見極め，システムとしての低価格化が可能かを探るための試験といえます。

　図 9.1 のロボット田植機には，u-blox 社製 NEO-M8P GNSS 受信モジュールが利用されています。この試験では，本書で紹介しているネットワーク利用型ではありませんが，無線モデムによって RTCM 信号を送受信する方法により RTK 方式の測量を行い，田植機の制御を行いました（**図 9.2**，**図 9.3**）。通常，田植機にはオペレータが 1 名，苗を補給する人員が 2 名，合計 3 名が乗車することが多いようですが，**図 9.4** のように，ロボット田植機が自律走行をしている間はオペレータ（運転手）が不要となるので，移植する苗を補給するなど，別の作業に従事することが可能になります。結果として作業に必要な人員が少なくて済みますので，作業の効率化，生産コストの削減につながるといえます。ロボット田植機開発に携わっている岡本博史 准教授（北海道大学大学院農学研究院）に伺ったところ，NEO-M8P GNSS 受信機を利用した田植え作業に大きな支障はなく，また，結果として既存の他社製多周波 GNSS 受信機とも遜色なく作業が行えたとのことでした。

図9.2　ロボット田植機のGNSS受信機（2018/5/22　著者撮影）

図9.3　基準局（2018/5/22　著者撮影）

図9.4　ロボット田植機の自律走行（2018/5/22　著者撮影）

これまで高価だった GNSS 受信機や RTK 方式の環境構築費用は，低コスト受信機に置き換えることにより 10 分の 1 以下に抑えられます。基準局の設置環境や運用のしかた次第では，Fix 解を得るまでに時間がかかってしまうケースや，Fix 解が得られても安定しないなど，注意すべき点が見えています。今後も，システムの低価格化を目的とした低コスト GNSS の利活用法の検討を進め，座標精度の安定性や再現性の評価を行っていきたいと岡本准教授は話していました。

9.2　Raspberry Pi を利用した自動・自律ロボット試作のヒント

9.2.1　Raspberry Pi 専用アドオンボード：Sense HAT

9.1 節で紹介したロボットをはじめ，一般に自動・自律走行車両のおもな構成は

・自分の位置を知るための GNSS

・自分の姿勢や向きを知るためのセンサ

・現在の位置や姿勢，向きをもとにつぎの行動を指示するコンピュータ

の三つが基本となります。

姿勢や向きを検知するセンサを IMU と呼ぶことがあります。IMU とは Inertial Measurement Unit の略で，角速度センサや加速度センサ，地磁気センサなどを組み合わせて，姿勢（pitch／roll）角や方位（yaw）角を知ることができるセンサです。以前は，光ファイバを利用した角速度センサが搭載された高価格・高性能なものもありましたが，近年では入手性が高く，かつ安価なものが増えてきています。例えば**図 9.5** に示すものは，Raspberry Pi 専用のセンサが多く搭載されたアドオンボード，Sense HAT です。Raspberry Pi 公式ウェブサイト（https://www.raspberrypi.org/products/sense-hat/）に経緯などの詳細は譲りますが，国際宇宙ステーション（ISS）で使用することを目的として開発されたアドオンボードです。**表 9.1** に，搭載されているセンサの種類や仕様を記載しました。例えば，角速度センサの性能に注目すると，スマートフォ

図 9.5 Sense HAT アドオンボードの概観

表 9.1 Sense HAT に搭載されるセンサ

センサの種類	性能・測定レンジなど
角速度センサ （gyroscope）	250/500/2 000 dps
加速度センサ （accelerometer）	2/4/8/16 G
地磁気センサ （magnetometer）	4/8/12/16 gauss
気圧センサ （barometer）	260 ～1 260 hPa
温度センサ （temperature）	0 ～ 65 ℃
相対湿度センサ （relative humidity）	
LED 表示器	

ンなどのモバイル機器に搭載されるもので 300 ～ 2 000 dps，カーナビなどの移動体向けに搭載されるもので 300 ～ 500 dps 程度といわれています。よって，このアドオンボードに搭載されている角速度センサは，実用的な性能を持ちあわせているといえそうです。

　では，実際にこのアドオンボードを使って，姿勢角や方位角，GNSS データの紐付けを行ってみましょう。なお，ここではヒントとして機器の紹介やサンプルコードを紹介するに留めます。

9.2.2 **Sense HAT の実装とサンプルスクリプトの作成**

図 9.6 は Sense HAT アドオンボードの姿勢角・方位角の定義です。それぞれの軸において矢印方向に回転すると角度がプラスになるという意味です。これは定義であり約束事なので，システムを構築する際は留意すべきです。今回は図 9.7 のように硬いプラスチックボードに GNSS 受信機やアンテナ，Raspberry Pi とアドオンボードを固定し，屋外でデータが計測できるかを確認してみます。ここでは u-blox 社製の格安多周波 GNSS 受信機 ZED-F9P を使用し，スマートフォンによるテザリングを介して，GNSS の基準局情報を受信

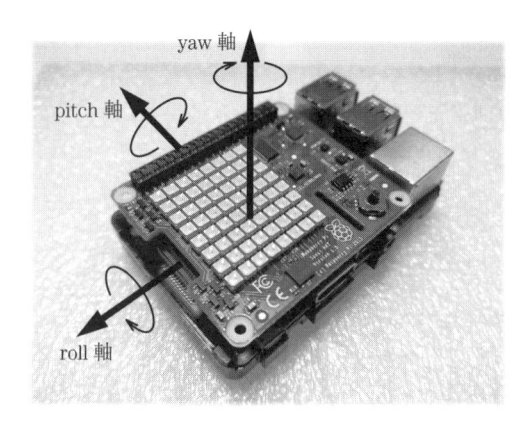

図 9.6　姿勢角・方位角の定義

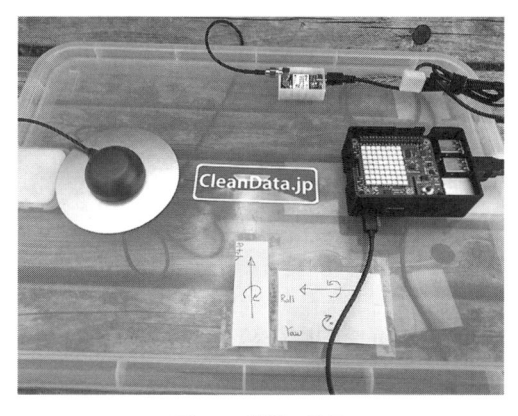

図 9.7　設置の様子

した RTK 方式の測量を行っています。アドオンボードを搭載した Raspberry Pi は一般的に売られているケースに収まらないため，3D プリンタで作成したオリジナルのケースを利用しています。

　データを計測するために，以下に示す Python スクリプトを作成しました。8 章ではクラスを意識した組立てを行いましたが，応答性やセンサの同期出力など，ここでは細部にこだわらず，まずはデータを取得することに重きをおいています。全体の流れは以下のとおりです。Python に慣れれば数分で書き上げられる内容です。

① 必要なモジュールのインポート

② Sense HAT の初期化

③ GNSS シリアルポートのオープン

④ 緯度・経度の単位変換

⑤ Sense HAT による姿勢角や方位角の取得

⑥ データの表示や書込み

```python
#!/usr/bin/env python

# モジュールのインポート
import time                         # time.sleep()として使用
from datetime  import datetime      # LogFilename作成用
from sense_hat import SenseHat      # Sense HAT
import serial                       # GNSS受信機用
import math                         # LLH計算用


# Sense HATの初期化
sense = SenseHat()
sense.clear()


# 現在時刻からLogFilenameを作成する
Now = datetime.now().strftime("%Y%m%d%H%M%S")
LogFilename = "/home/pi/data/IMU-GNSS/IMU-GNSSTestLog_" +
```

```
Now + ".csv"


# LogFileのヘッダ作成
header = "Long, Lat, Height(msl), iStatus, Pitch, Roll,
Yaw"
cHeader = 0


try:
    # GNSS Serial Portのオープン
    ser = serial.Serial('/dev/ttyACM0', 115200)

    # 以下.ループ処理
    while 1:
        with open(LogFilename, 'a+') as File:# LogFileの作成とオープン
            if cHeader == 0:                  # LogFileにヘッダ書込み
                print(header)
                File.write(header + "\n")
                cHeader = 1
            line = ser.readline()       # GNSS dataの読込み
            data = line.split(",")
            if data[0] == "$GNGGA":     # 測位ができていない場合の処理
                if data[6] == "0":
                    Long = 0
                    Lat = 0
                    Height = 0
                else:
                    # 単位を"度"に変換する
                    LongInt = math.floor(float(data[4])/100)
                    LongDec = (float(data[4]) - LongInt * 100) / 60
                    Long = LongInt + LongDec
                    LatInt = math.floor(float(data[2])/100)
                    LatDec = (float(data[2]) - LatInt * 100) / 60
                    Lat = LatInt + LatDec
                    Height = data[9]         # 標高(above mean sea level)
```

```
            LongLatHeight = str(Long) + "," + str(Lat) + ","
+ str(Height)

            # IMUによる姿勢角計算・出力
            orientation = sense.get_orientation()
            pitch = round(orientation["pitch"], 2)
            roll = round(orientation["roll"], 2)
            yaw  = round(orientation["yaw"], 2)
            PitchRollYaw = str(pitch) + "," + str(roll) + ","
+ str(yaw)

            # 緯度・経度・姿勢角など書込み準備
            message = str(LongLatHeight) + "," + str(data[6])
+ "," + str(PitchRollYaw)
            # 書込みデータの表示
            print(message)
            # ファイル書込み
            File.write(message + "¥n")
            time.sleep(0.1)

except:
  time.sleep(1)                    # ループ内で例外が発生した際の処理
```

では，簡単に補足いたします。

① このスクリプトで使用するモジュールは五つです。

```
import time                        # time.sleep()として使用
from datetime  import datetime     # LogFilename作成用
from sense_hat import SenseHat     # Sense HAT
import serial                      # GNSS受信機用
import math                        # LLH計算用
```

　いずれも最新版の Raspberry Pi 用 OS（Raspbian）にあらかじめ用意されているモジュールのため，宣言をするだけで使用することが可能ですが，うまくいかない場合は "apt" コマンドを利用してインストールしてください。

最初の"time"モジュールについては終了などの処理に「間」をとるために使用しています。具体的には

```
try:
  ～～～                          # メインループ
except:
  time.sleep(1)                  # ループ内で例外が発生した際の処理
```

とすることで，メインループを抜ける処理に入った際，約1秒待機した後，終了することとなります。

"datetime"はシステム時刻を取得するために使用します。ログファイルの名前にシステム時刻を利用する場合に必要なモジュールですが，通し番号にするなどほかの方法でファイル名を割り当てることも可能です。

"from sense_hat import SenseHat"モジュールをインポートすることで，Sense HATの各センサの値を読むことが可能になります。使用したGNSS受信機はシリアル通信によりデータを読み込む仕様となっています。NMEA GGAを位置情報としてログファイルに使用しますが，前章の8.2.4項にあるように緯度・経度の単位を整理する必要があるため，計算用モジュール"math"を使用します。

② Sense HAT の初期化

```
# Sense HATの初期化
sense = SenseHat()
sense.clear()
```

使用する際には初期化が必要です。あまり深く考え込まず，呪文だと思って忘れずに記載しましょう。

③ シリアルポートのオープン

```
# GNSS Serial Portのオープン
ser = serial.Serial('/dev/ttyACM0', 115200)
```

u-blox社製の受信機の場合，USBもしくはUART接続となります。USB接

続の場合は，"dev/ttyACM0"にマウントされることがほとんどです。また，UART の場合ですと "/dev/ttyAMA0"，USB–UART などによるレベル変換を使用する場合は "/dev/ttyUSB0" にマウントされることが多いようです。通信ボーレートについては設定した値を入力します。なお

```
line = ser.readline()              # GNSS dataの読込み
```

とすることで受信機のデータを読み込むことができます。

　読み込んだデータが NMEA GGA ではない可能性もありますので，それを判別するために

```
data = line.split(",")
```

としてカンマで区切って "data" に格納します。使用する際は "data[n]" のように n の値を指定して呼び出します。このスクリプトでは data[0]，data[2]，data[4]，data[6] を使用していますが，NMEA GGA はつぎのような情報です。

```
$GNGGA,73208,4304.86353,N,14131.87837,E,4,12,0.96,33.1,M,3
0.8,M,1,0000*5D
```

④ 緯度・経度の単位変換

```
if data[0] == "$GNGGA":
    if data[6] == "0":      # 測位ができていない場合の処理
      Long = 0
      Lat = 0
      Height = 0
    else:
      # 単位を"度"に変換する
      LongInt = math.floor(float(data[4])/100)
      LongDec = (float(data[4]) - LongInt * 100) / 60
      Long = LongInt + LongDec
      LatInt = math.floor(float(data[2])/100)
```

```
    LatDec = (float(data[2]) - LatInt * 100) / 60
    Lat = LatInt + LatDec
    Height = data[9]    # 標高
  LongLatHeight = str(Long) + "," + str(Lat) + "," +
str(Height)
```

data[0] を見ることで，受信したメッセージが GGA であるかを判別することが可能です。GGA には緯度・経度の情報が記載されていますが，有効桁数を稼ぐために "dddmm.mmmmmm" という度 (d) と分 (m) が混在する表記がなされています。これを，扱いやすいように単位を度に揃えます。処理の流れは

(1) 100 で割り小数点以下を切り捨てる (ddd.mm…→ ddd)

(2) もとの値から上記計算結果を引く (dddmm.mmmm…→ mm.mmm)

(3) 60 で割る

(4) (1) と (3) を足し合わせる

となり，Python スクリプトで表現すると，上記のようになります。

```
    math.floor(x)
```

とすることで，x 以下の最大の整数が返されます。なお，data[2] や data[4] は文字列のため，加減乗除の際は Float 型に変換しなければいけませんので注意しましょう。

⑤ Sense HAT による姿勢角や方位角の取得

```
# IMUによる姿勢角計算・出力
orientation = sense.get_orientation()
pitch = round(orientation["pitch"], 2)
roll = round(orientation["roll"], 2)
yaw  = round(orientation["yaw"], 2)
PitchRollYaw = str(pitch) + "," + str(roll) + "," +
str(yaw)
```

Sense HAT で計測した姿勢角や方位角は簡単に呼び出すことができます。9軸のセンサ（角速度・加速度・地磁気）から求めたものについては

```
sense.get_orientation()
```

とすることで呼び出すことができます。なお，個別のセンサの値を以下のよう
に呼び出すことも可能です。

```
sense.get_gyroscope()        # 角速度センサ出力（pitch/roll/yaw）
sense.get_accelerometer()    # 加速度センサ出力（pitch/roll/yaw）
sense.get_compass()          # 地磁気センサ出力（真北基準の方位角）
```

　この Python スクリプトを起動し，屋外にてデータを計測しました。Excel
などで開くと，**図 9.8** のように確認ができます。緯度・経度と姿勢角・方位角
のほかに，GNSS 計測ステータス（RTK 方式で Fix 解が得られたか否か）も記
録しています。また，**図 9.9**（a）は位置情報，図（b）は方位角データをグラ
フ化したものです。図 9.7 を手で持ちながら円を描くように，できるだけ同じ
速さで歩いてデータを取得しました。図（b）からは，時間の変化に伴って方

Long	Lat	Height(m	iStatus	Pitch	Roll	Yaw
141.5729	43.05913	9.208	4	7.96	258.27	62.03
141.5729	43.05912	9.207	4	356.64	263.84	55.83
141.5729	43.05912	9.222	4	339.86	274.56	62.31
141.5729	43.05911	9.255	4	338.51	254.91	57.93
141.5729	43.0591	9.202	4	340.48	242.88	45.26
141.573	43.0591	9.238	4	348.83	247.78	51.58
141.573	43.05909	9.195	4	338.2	260.64	48.56
141.573	43.05909	9.197	4	320.99	266.04	50.68
141.573	43.05909	9.205	4	322.06	253.54	51.5
141.573	43.05909	9.184	4	325.72	245.46	41.36
141.573	43.05909	9.196	4	314.81	251.08	32.41
141.573	43.0591	9.151	4	278.93	221.66	68.91
141.573	43.0591	9.187	4	277.76	160.09	122.15
141.573	43.05911	9.21	4	279.53	179.09	106.5
141.573	43.05911	9.211	4	299.54	110.44	175.25
141.573	43.05912	9.225	4	294.41	105.07	174.22
141.5731	43.05912	9.255	4	296.52	95.13	185.71
141.5731	43.05913	9.282	4	310.16	94.31	181.82
141.5731	43.05914	9.262	4	319.12	74.16	190.85
141.5731	43.05914	9.276	4	329.62	71.81	185.27

図 9.8　ログデータ

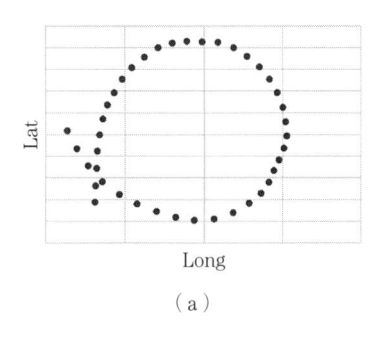

（a）

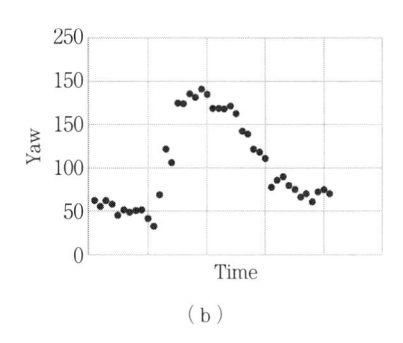

（b）

図 9.9　位置情報と方位角

位角が変化していることが見てとれます。しかし，本来であればサインカーブを描いてほしいところですが，形は崩れています。原因として，Raspberry Pi 本体の影響，Raspberry Pi のケースによる影響，磁性体がそばにあるなどの設置環境の影響によって，理想的な値を得られないことが十分に考えられます。

　しかし，システムを構築する際にキャリブレーションを行ったり，基礎的なデータを取得し補正・補間したりするなどして，理想的な状態に近づけることは可能ではあります。なにより，このようなセンサが非常に安価に入手できるメリットはとても大きく，運用面で工夫することによって大きな成果が得られるのでないでしょうか。

10 稼 働 の こ つ

本章では，u-blox 社製 GNSS 受信機の設定のポイント，IP アドレスの固定方法など，各章での説明を省いた内容をフォローします。ただし，アプリケーションやファームウェアなどのバージョンによって設定内容が多少変化する場合がありますので，その際は適宜読み替えて対応をお願いします。

10.1 u-blox 社製 GNSS 受信機の設定

本書では u-blox 社製 GNSS 受信機の C94-M8P をおもに使用しました。これには 920 MHz 帯仕様の無線モデムが標準装備されていて，C94-M8P を複数台持ちあわせることで，インターネットのない環境でも即席の基準局を開局できます。また，無線モデム経由で基準局情報を受信することで，移動局は RTK 方式の測量が可能になります。C94-M8P は専用のユーティリティソフトである u-center から各種設定を行います（**図 10.1**）。C94-M8P そのものには基準局用/移動局用の区別はなく，このソフトによる設定によって役割を与えることになります。具体的には，基準局情報である RTCM データを送信するのが基準局，RTCM データを受け取る側が移動局という具合です。それ以外については，測位に利用する衛星の種類や通信ボーレートなど，基本的には両者とも同じ設定にする必要があります。

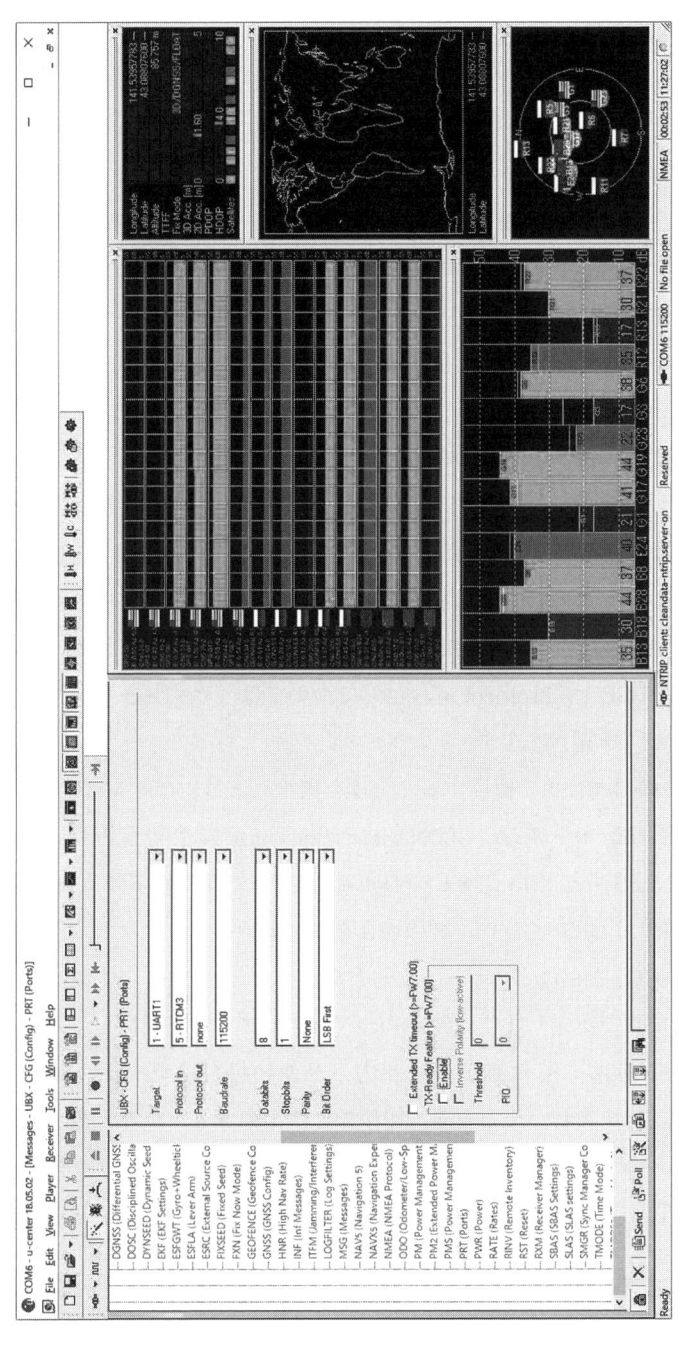

図10.1 u-center (画像は一部加工しています)

10.1.1　基準局の設定

ここでは，具体的な設定項目を，基準局から説明します。u-center を起動し，受信機とアプリを接続しましょう。設定は，メニューの"View"→"Message View"から始めます。なお，おのおの設定が終わりましたら，左下の"Send"ボタンをクリックし，不揮発メモリに設定を書き込んでください。

① UBX-CFG-PRT：ポートの設定を行います。C94-M8P の無線モデムを使って RTK 方式の測量を行いたい場合は，"Target"の"1-UART1"を使います。"Protocol in"は"none"，"Protocol out"は"5-RTCM3"を，"Baudrate"（通信ボーレート）は"19200"を選択します。この設定により，UART1 からは RTCM3 を出力できる状態になります。通信ボーレートについては，無線モデム固有の仕様のため，19200 以外で通信を行うことは（通常は）できないと考えてください。

　なお，本書のように NTRIP Caster を構築する際は USB のみを使用しますが，上記を設定し"Baudrate"は"115200"を選択した後，"Target"は"3-USB"，"Protocol in/out"については，"0＋1＋5-UBX＋NMEA＋RTCM3"を選択します。

② UBX-CFG-GNSS：使用する GNSS を選択します。C94-M8P に使われる GNSS モジュールは，GLONASS と BeiDou が排他利用のため，GPS＋GLONASS もしくは GPS＋BeiDou の組合せで受信することとなります（本書では GPS＋GLONASS の場合を取り扱います）。

③ UBX-CFG-MSG：どのポートからどのようなメッセージを出力するかを，この項目で設定します。"Message"のプルダウンを選択し，メッセージを UART1 もしくは USB から出力させたい場合はチェックボックスにチェックを入れ，出力周期（何秒ごとに出力させたいか）を半角数字で打ち込みます。繰り返しになりますが，無線モデムを使用する場合は UART1 にチェックを入れ，NTRIP Caster 構築の場合は，USB にチェックを入れます。出力するメッセージはつぎのとおりです。

```
01-07 NAV-PVT / 1秒
01-30 SVINFO / 1秒
F5-05 RTCM3.3 1005 / 1秒
F5-4D RTCM3.3 1077 / 1秒
F5-57 RTCM3.3 1087 / 1秒
F5-E6 RTCM3.3 1230 / 10秒
```

④ UBX-CFG-NAV5：運動モデルや仰角の設定を行います。Navigation Models グループの "Dynamic Model" は "2-Stationaly" を選択します。Navigation Input Filters グループについては "Min SV Elevation"（仰角）を "25" [deg], "C/N0 Threshold" は "30" [dbHz] を入力します。なお, 使用する環境によってはこれら数値の最適解が違ってきますが, 仰角を大きくしすぎると衛星を捕捉できなくなりますので注意しましょう。

基準局の設定は以上です。設定が完了したら, メニューの "Receiver" → "Action" → "Save Config" と進み, 不揮発メモリに設定を書き込みます。こうすることで, 電源を切り, 再度使用する際も, この状態を維持します。

10.1.2 移動局の設定

続いて, 移動局の設定を行います。

① UBX-CFG-PRT：ポートの設定を行います。C94-M8P の無線モデムを使って RTK 方式の測量を行いたい場合は "Target" の "1-UART1" を使います。"Protocol in" は "5-RTCM3", "Protocol out" は "none" を, "Baudrate" は "19200" を選択します。この設定により, UART1 で RTCM3 を受信できる状態になります。

② UBX-CFG-NMEA：Mode Flag グループの "High precision mode" にチェックを入れると, NMEA GGA において高さ方向の分解能が高まり, 1 mm を最小単位に出力がなされます。なお, 通常 NMEA GGA の分解能は 10 cm とされています。

③ UBX-CFG-NAV5：運動モデルや仰角の設定を行います。Navigation Models グループの "Dynamic Model" は "3-Pedestrian" を選択します。移動体に乗せる場合は "Automotive" などを選択することも可能です。Navigation Input Filters グ ル ー プ に つ い て は "Min SV Elevation" を "25" [deg], "C/N0 Threshold" は "30" [dbHz] を入力します。

④ NMEA については，"View" → "Message View" の NMEA から選択します。位置は GGA，向きや速度は VTG など，必要な情報に応じてメッセージの種類を選択し出力してください。

10.2　IP アドレスの固定と確認方法

6章で IP アドレスについて簡単に説明しましたが，基準局やサーバを稼働する PC においては IP アドレスを固定し，運用することが多いかと思います。ここでは Windows 10 Pro で IP アドレスを固定させる方法を説明します。

まず，**図 10.2** のように Windows のスタートメニューを開き，歯車アイコンをクリックすると，**図 10.3** の Windows の設定画面が現れます。ここから "ネットワークとインターネット" をクリックすると，**図 10.4** が表示されますので，"ネットワークと共有センター" を開きます。ネットワークと共有センター（**図 10.5**）で，アクティブなネットワークの "イーサネット" をクリックします（有線の場合）。**図 10.6** では "プロパティ" ボタンをクリックし，**図 10.7** では "インターネットプロトコル バージョン 4（TCP/IPv4）" を選択してから "プロパティ" ボタンをクリックします。

そうすると，IP アドレスを設定するためのダイアログ（**図 10.8**）が表示されます。この図では，IP アドレスを "192.168.10.14" に固定する方法を示しています。"デフォルトゲートウェイ" や "優先 DNS サーバー" は，玄関の役割をしているブロードバンドルータの IP アドレスです。小規模なネットワーク環境の場合は，この画面に入力することで設定が完了です。"OK" をクリックして設定を終了させます。

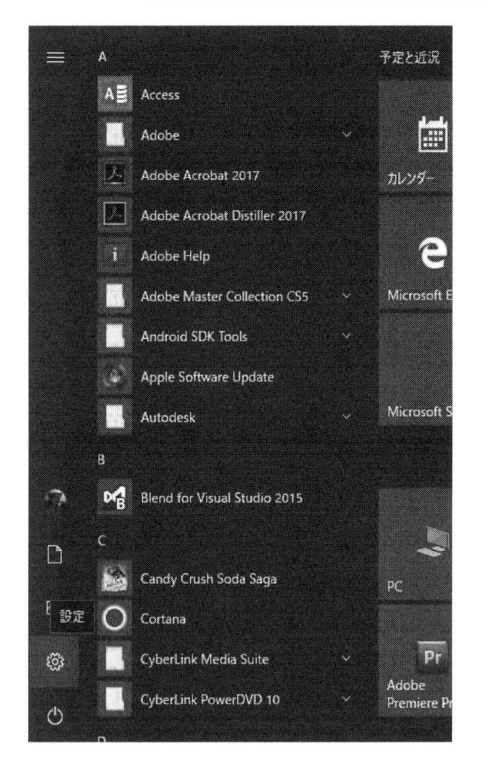

図10.2　スタートメニュー

　IP アドレスの設定ができているかを確認する方法はいろいろありますが，ここではコマンドプロンプトを使用した確認方法を紹介します。キーボードの［Windows キー］と［R］を同時に押すと，**図 10.9** に示す "ファイル名を指定して実行" という画面がでます。ここに "cmd" と入力し，"OK" をクリックすると，**図 10.10** のような白黒の画面が表示されますので，つぎのように入力します。

```
ipconfig /all    [gと/の間は半角スペースを空ける]
```

入力して［Enter］を押すと Windows IP 構成のリストが表示されますので，"イーサネット アダプター イーサネット:" と書かれている箇所を見つけ，先ほど入力設定した IP アドレスに固定されているか確認しましょう。

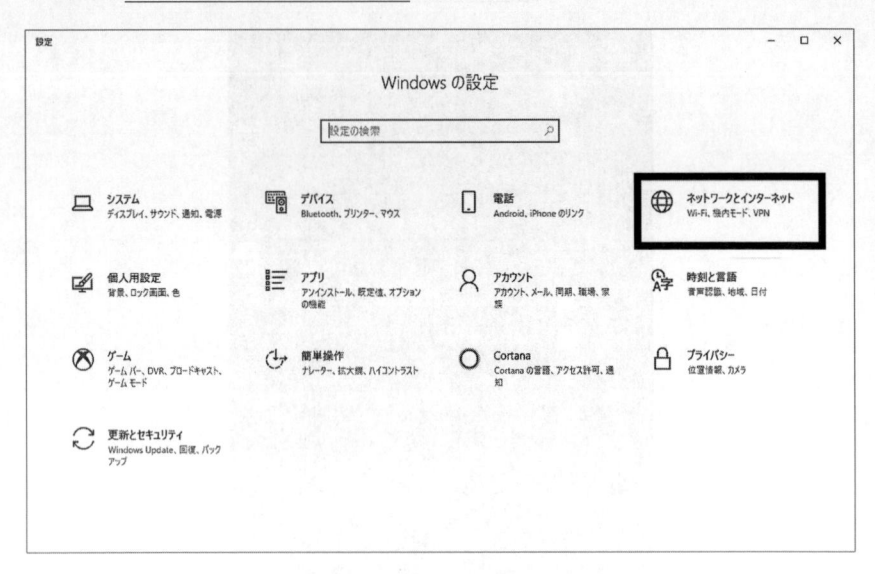

図 10.3　Windows の設定画面

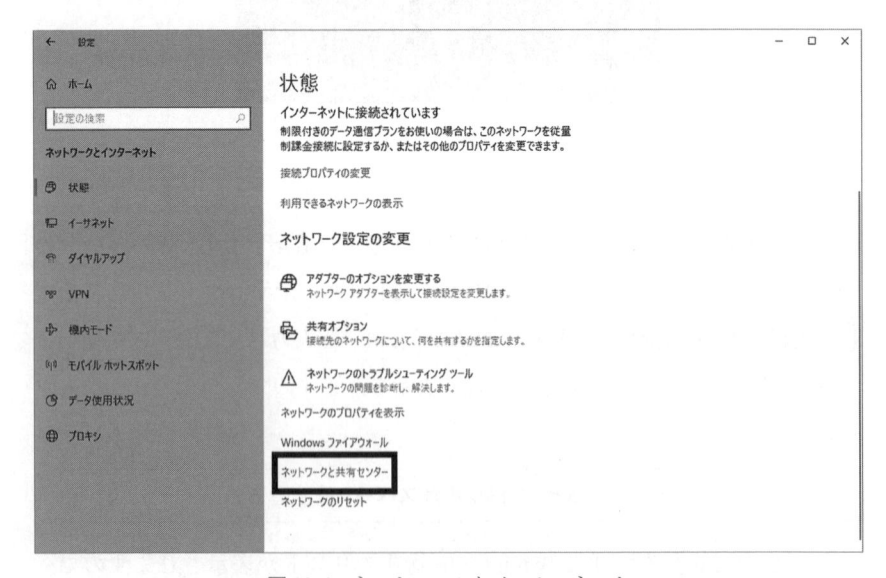

図 10.4　ネットワークとインターネット

図 10.5　基本ネットワーク情報の表示

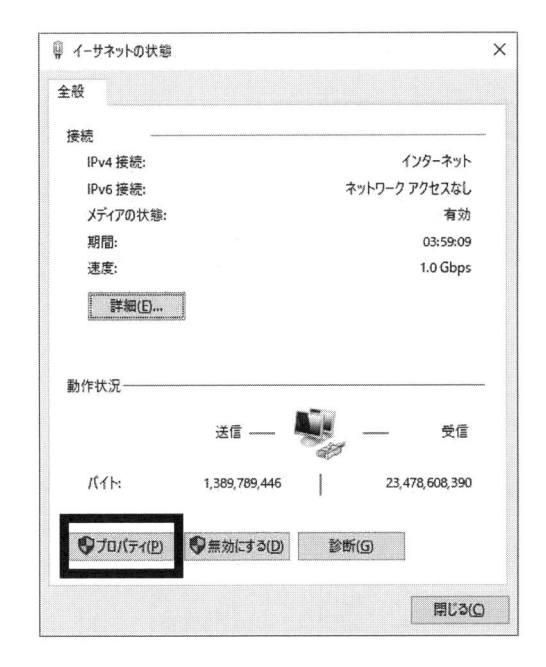

**図 10.6　イーサネットの
状態**

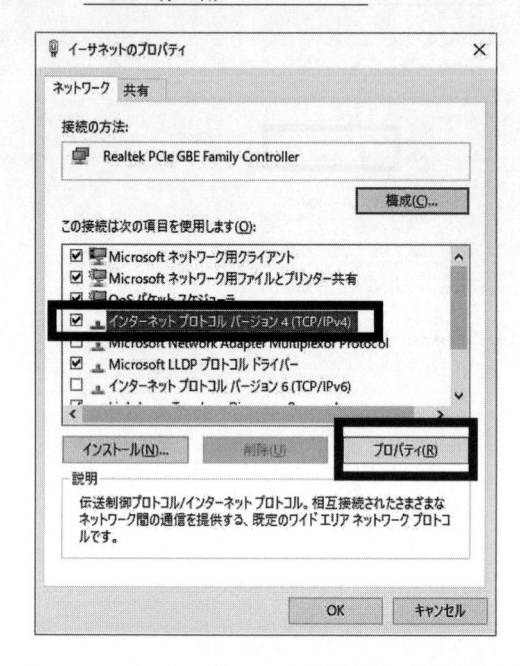

図 10.7 イーサネットの
プロパティ

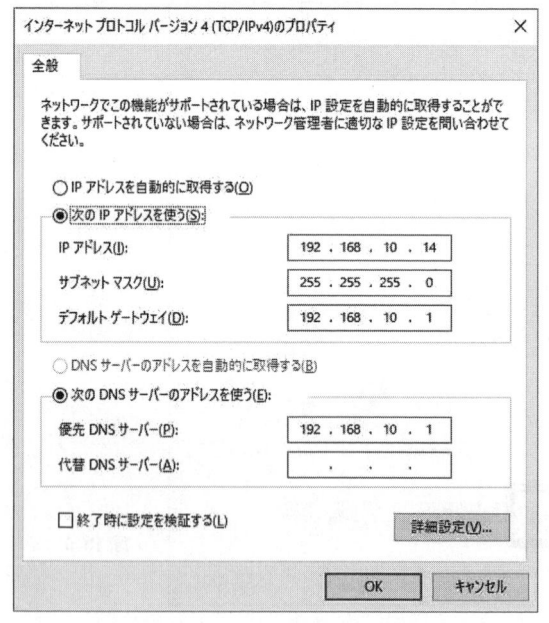

図 10.8 IP アドレスの設定

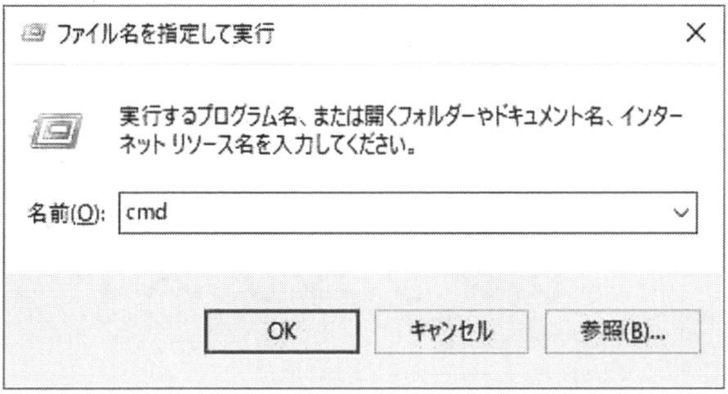

図10.9　"ファイル名を指定して実行" ダイアログ

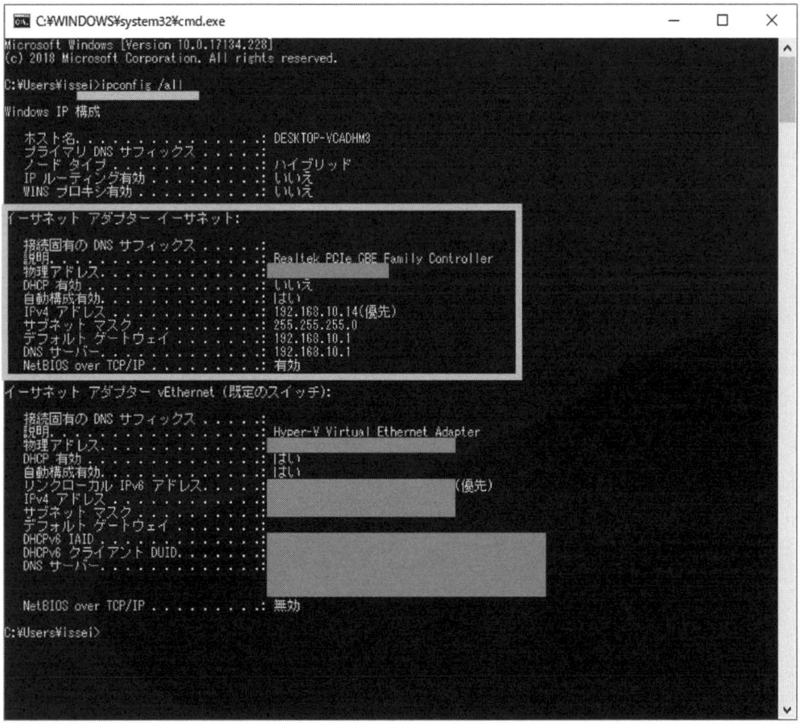

図10.10　コマンドプロンプトによるIPアドレスの確認

サンプルテスト

　本章では，ハードウェアやソフトウェアの入手，およびテスト方法について説明します。ハードウェアの入手や製作方法に関しては，以下にコンタクトしてください。

　・株式会社クリーンデータ：https://cleandata.jp/

　ソフトウェアは，以下の書籍詳細ページにアクセスしてダウンロードしてください。

　・株式会社コロナ社：https://www.coronasha.co.jp/np/isbn/9784339009293/

11.1　アンテナとグランドプレーン

　図 11.1 はアンテナとグランドプレーンです。アンテナは，Tallysman 社製の TW2710 を使用しています。グランドプレーンは，直径 20 cm のステンレス製で，裏側には，5/8 インチネジ（レベル用の三脚）のボルトが圧着されて

図 11.1　アンテナとグランドプレーン　　図 11.2　グランドプレーンの裏側

います（**図 11.2**）。グランドプレーンは，アンテナ下部からの反射波の影響を低減するために必要なものです。

　基準局用としてカメラ用の三脚に設置したい場合は，**図 11.3** のアダプタを利用すると，ほとんどの市販三脚を利用することができます。アンテナとグランドプレーンは，基準局および移動局のどちらでも利用できます。

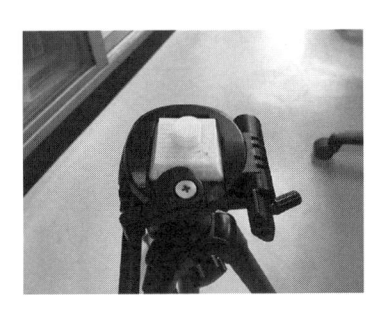

図 11.3　5/8 インチネジとクイック
　　　　　シューアダプタ

11.2　サーバ用 PC と受信機

　サーバとして利用した**図 11.4** の PC の概略仕様は**表 11.1** のとおりです。これと同レベルの PC であれば利用可能です。

　基準局は，u-blox 社製の C94-M8P を使用しています。**図 11.5** のようにケースの中に入れて稼働させています。

図 11.4　基準局側サーバ用 PC

表 11.1　基準局側サーバ用 PC の仕様

項　目	仕　様
型　番	Skynew m2s
OS	Windows10
プロセッサ	AMD A6-1450
メモリ	4 GB
USB	USB3.0x2, USB2.0x4
有線 LAN	あり
Wi-Fi	あり

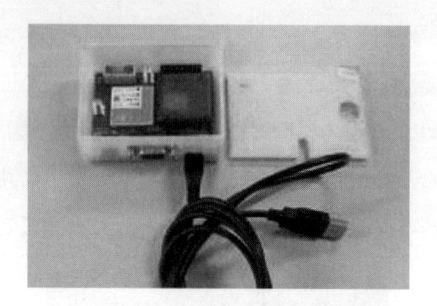

図 11.5 基準局側受信機

11.3 移動局側ポール

移動局側ポール（**図 11.6**）は，ポール，アンテナ，ツールボックス，バッテリホルダ，バッテリで構成されます。アンテナは基準局と同じ物です。

ポールの先端がカメラ用の1/4インチネジの場合，アダプタ（**図 11.7**）を利用してアンテナを取り付けます。

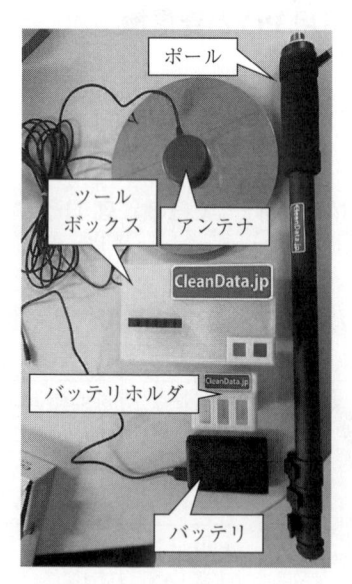

図 11.6 移動局側ポール

図 11.7 5/8-1/4
ネジアダプタ

ツールボックスの内部を**図11.8**に示します。計測中は，GNSS受信機とRaspberry Pi 3を2本のケーブルで接続します。Raspberry Pi 3からGNSS受信機に対して，基準局からの基準局情報を送信する役目と，GNSS受信機の計測結果をRaspberry Pi 3に送信する役目を担っています。Raspberry Pi 3のUSBポートは四つあり，残りの二つのどちらかに，計測結果を記録するためのUSBを装着します。**図11.9**は，スクリプトなどを編集する際のケーブル接続例です。HDMIおよびキーボード・マウスを接続しています。

図11.8 移動局側ツールボックス（計測時）

図11.9 移動局側ツールボックス（開発時）

計測ボックスは，Raspberry Pi 3，HAT（表示器/スイッチ）Micro Dot pHAT：Pimoroni社製とボタン端子，および受信機（NEO-M8P）で構成されています。

自ら作成する場合は，以下の作業が必要です。

・Raspberry Pi 3 の GPIO と HAT のはんだ付け

> HAT に添付されているアセンブリガイドから 100 か所程度をはんだ付け

> ボタン端子のはんだ付け

・受信機 NEO-M8P へ基準局情報入力ケーブル作成

> 基準局情報入力（RTCM 入力）ケーブルを u-blox 社のマニュアルを確認後作成：**図 11.10** のように作成

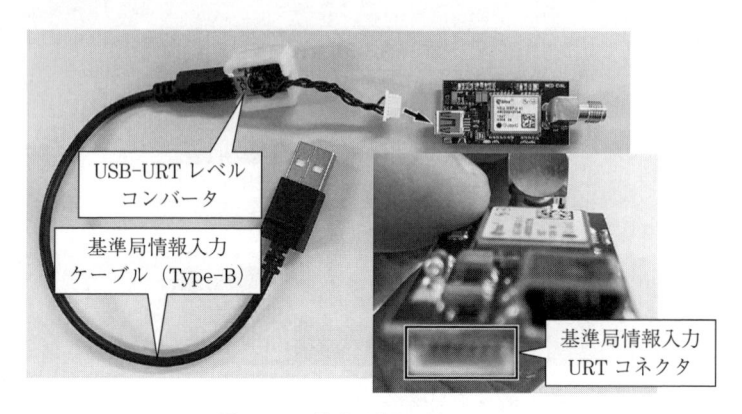

図 11.10　基準局情報入力ケーブル

・ハウジング作成

> 3D プリンタなどで，ケースを作成

上記の作業には，電子工作の知識・経験が必要です。

11.4　ソフトウェアの著作権

サンプルソフトの著作権は，株式会社クリーンデータにあります。営利活動などで利用される場合は，株式会社クリーンデータのウェブサイトにアクセスして連絡をください。

11.5　ダウンロードファイル

ダウンロードファイルは五つのファイルで構成されています。**表 11.2** に各ファイルの名前，機能概要および格納先を説明しています。格納先のフォルダ名が存在しない場合は作成した後，ダウンロードファイルをコピー／移動してください。Raspberry Pi 3 経由でダウンロードする場合は，ネットワークに接続されていることを確認してください。

表 11.2　ダウンロードファイルの内容

ファイル名	機能概要	格納先
ImportLLHtoGEP_rev1.py	GNSS データの取得・表示および記録を行うスクリプトです	/home/pi/Python/ Pythonフォルダがなければ作成
autostart	Raspberry Pi 3 の電源を ON にしたあと，自動でスクリプトを起動させます	/etc/xdg/lxsession/LXDE-pi/
RTCM01.service	Raspberry Pi 3 の電源を ON にした後，自動でシェルスクリプト（sh ファイル）を起動させます	/etc/system/system/
RTCM01.sh	基準局情報を取得するため，基準局のマウントポイントにアクセスして基準局情報を取得する一連の手順を記述したシェルスクリプト（OS を制御する簡単なプログラム）です	/home/pi/SSH/ SSHフォルダがなければ作成
wpa_supplicant.conf	移動局からネットワークにアクセスするための Wi-Fi 設定の手順を記述した conf ファイルです	/etc/wpa_supplicant/

以下の二つのファイルの内容を利用環境にあわせて編集します。

・RTCM01.sh の編集

➤　7.2.2項を参照して編集してください。

・wpa_supplicant.conf の編集

> 7.2.3 項を参照して編集してください。

11.6　RTKLIB のダウンロード

図 7.15 のシェルスクリプトは，RTKLIB と呼ばれる仕組みの一部の機能を利用して，基準局情報を移動局に送信しています。よって，RTKLIB をダウンロードする必要があります。7.2.1 項を参照して，RTKLIB を Raspberry Pi 3 にインストールします。

11.7　HAT 用制御パッケージのダウンロード

表示器をコントロールするには，ハードウェア供給元の制御パッケージを Raspberry Pi 3 にインストールする必要があります。Raspberry Pi 3 がネットワークに接続されていることを確認後，図 7.7 の LXTerminal を起動し，以下のコマンドを入力します。

```
sudo apt-get install python3-microdothat    [Enter]を押す
```

ダウンロードを開始します。ダウンロード完了後，インストールに進みます。以下のコマンドを入力して，正しくインストールできたことを確認します。

```
dpkg -1    [Enter]を押す
```

すべてのパッケージが表示されます。このリストの中に以下の名前があれば，正しくインストールされています。

　　"ii python3-microdotphat 0.2.1 all Python library for the Pimoroni Micro
　　Dot pHAT"

ただし，"0.2.1" のようなバージョンは，異なる場合があります。

11.8　サンプルスクリプトの起動

起動する前に，NTRIP サーバ，移動局側ルータが動作していることを確認します。つぎに USB を計測ボックスの Raspberry Pi 3 に差します。図 11.8 のようにカバーを開けて，Raspberry Pi 3 の USB ポート（どちら側でも問題ありません）に USB を差してください。サンプルスクリプトは，USB に計測データを記録するため，USB が存在しない場合，自動でスクリプトを終了後，Raspberry Pi 3 の電源を OFF にします。画面，マウス，キーボードケーブルは外しても問題ありません。以下，操作手順です。

① 電源を ON にする（電源ケーブルを接続するだけ）
② 1 ～ 2 分後，ステータスと高さが交互に表示（**図 11.11**）
③ ステータスは単独測位 [xx] が最初に表示
④ しばらくすると [Float] → [Fix] （アンテナ上空の環境に依存）
⑤ 高さはリアルタイム（1 Hz）で更新
⑥ ボタン [緑] を押すと記録開始

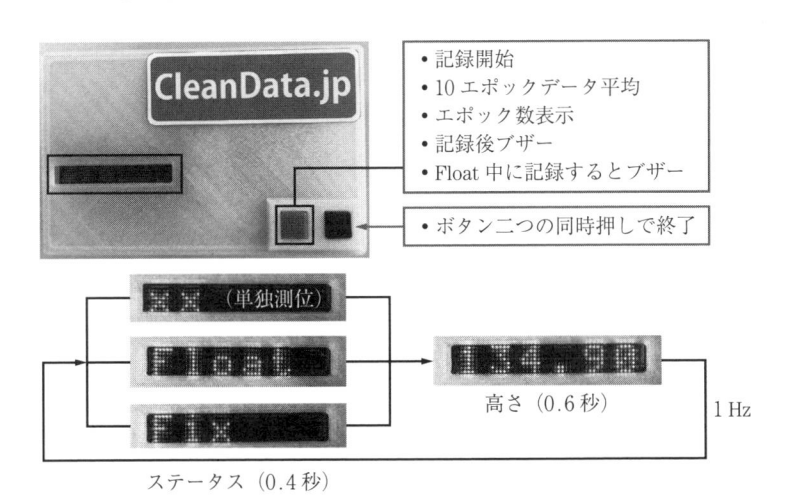

図 11.11　サンプルスクリプト

⑦ 記録が終わるとブザー

⑧ 次点に移動後，ボタン [緑] を押して記録開始

⑨ ⑥〜⑧の繰り返し

⑩ プログラム終了は，ボタン二つを同時に押す（0.5秒程度）

⑪ スクリプト終了後，電源を OFF にする

⑫ 計測データが記録されている USB を抜く

つぎに，USB に記録された計測データを Google Earth Pro に表示させます。8.5節を参照してください。

・電源を ON にした後，3分程度経過してもステータスが [xx] の場合は，基準局から基準局情報が発信されていること，移動局側のルータ（携帯）がネットワークに接続されていることを確認してください。

・サンプルスクリプトで表示される「高さ」は「標高」ではありません。

・受信機のジオイドデータは国土地理院と異なるので注意してください。

・8章にスクリプトの詳細を説明していますので，独自のスクリプトを作成したい場合に参照してください。

引用・参考文献

0 章

1) 国土交通省　国土地理院ウェブサイト：
https://terras.gsi.go.jp/geo_info/GNSS_iroiro.html　（2019 年 6 月現在）

2) 金澤文彦，有村真二，湯浅直美：中低速移動体への RTK-GPS 適用化技術の開発に関する技術資料―ソフトウェア仕様書―，国土交通省 国土技術政策総合研究所資料，第 514 号（2009）図 1-4-2　搬送波によるアンビギュイティを一部加工

3) VBOX JAPAN 株式会社ウェブサイト：
http://www.vboxjapan.co.jp/VBOX/techinfo/About_GPS/VBOX_techinfo_GPS.html
（2019 年 6 月現在）

1 章

1) 海老沼拓史：トランジスタ技術　第 2 部　全国 1 cm プロジェクト　第 13 話，
CQ 出版（2018）

2) 川喜田佑介，植原啓介，羽田久一，村井　純：インターネットを介した GNSS 補正情報配信プロトコルの設計，インターネットコンファレンス 2000 論文集，
p.113-122（2000）

3 章

1) 内閣府　宇宙開発戦略推進事務局ウェブサイト：各国の測位衛星，
https://qzss.go.jp/technical/satellites/　（2019 年 8 月現在）

2) 内閣府　宇宙開発戦略推進事務局ウェブサイト：SBAS 配信サービス，
https://qzss.go.jp/overview/services/sv12_sbas.html　（2019 年 3 月現在）

索　引

―― 著 者 略 歴 ――

先村 律雄（さきむら りつお）
1986 年　長岡技術科学大学工学部建設工学科卒業
1988 年　長岡技術科学大学大学院工学研究科博士前
　　　　　期課程修了（建設工学専攻）
1988 年　株式会社トプコン勤務
2006 年　長岡技術科学大学大学院工学研究科博士後
　　　　　期課程修了（材料工学専攻），博士（工学）
2016 年　群馬工業高等専門学校教授
　　　　　現在に至る

半谷 一晴（はんや いっせい）
2005 年　北海道大学農学部農業工学科卒業
2007 年　北海道大学大学院農学院修士課程修了
　　　　　（生物資源生産学専攻）
2010 年　北海道大学大学院農学院博士後期課程修了
　　　　　（共生基盤学専攻），博士（農学）
2010 年　北海道大学学術研究員
2017 年　株式会社クリーンデータ代表取締役社長
　　　　　現在に至る

大橋 祥子（おおはし しょうこ）
2014 年　群馬工業高等専門学校環境都市工学科卒業
2014 年　関東測量株式会社勤務
　　　　　現在に至る

SNIP による RTK 基準局開設・運用入門
―Raspberry Pi で ICT 土木/ICT 農業システムの開発に挑戦―
Introduction of RTK Reference Station Establishment and Operation by SNIP
— Challenge Raspberry Pi to Develop the ICT Construction and Agriculture System —
© Ritsuo Sakimura, Issei Han-ya, Shoko Ohashi 2019

2019 年 12 月 5 日　初版第 1 刷発行　　　　　　　　　　　　★

検印省略	著　者	先　村　律　雄
		半　谷　一　晴
		大　橋　祥　子
	発行者	株式会社　コ ロ ナ 社
		代表者　牛 来 真 也
	印刷所	萩原印刷株式会社
	製本所	有限会社　愛千製本所

112-0011　東京都文京区千石 4-46-10
発 行 所　株式会社　コ ロ ナ 社
CORONA PUBLISHING CO., LTD.
Tokyo Japan
振替00140-8-14844・電話(03)3941-3131(代)
ホームページ　https://www.coronasha.co.jp

ISBN 978-4-339-00929-3　C3055　Printed in Japan　　　　（齋藤）